互联网时代矿山装备服务平台化研究

王海军　著

应急管理出版社

·北　京·

图书在版编目（CIP）数据

互联网时代矿山装备服务平台化研究/王海军著.
－－北京：应急管理出版社，2024
　　ISBN 978-7-5237-0534-6

　　Ⅰ．①互…　Ⅱ．①王…　Ⅲ．①矿山机械—机械
设备—管理信息系统—研究　Ⅳ．①TD4

　　中国国家版本馆 CIP 数据核字（2024）第 086919 号

互联网时代矿山装备服务平台化研究

著　　者	王海军	
责任编辑	郑　义	
责任校对	李新荣	
封面设计	安德馨	

出版发行　应急管理出版社（北京市朝阳区芍药居 35 号　100029）
电　　话　010-84657898(总编室)　010-84657880(读者服务部)
网　　址　www.cciph.com.cn
印　　刷　北京地大彩印有限公司
经　　销　全国新华书店

开　　本　710mm×1000mm¹/₁₆　印张　$13\frac{3}{4}$　字数　252 千字
版　　次　2024 年 5 月第 1 版　2024 年 5 月第 1 次印刷
社内编号　20240235　　　　　定价　86.00 元

前　言

矿山行业作为国民经济的战略产业，对于保障我国的经济和国防安全具有重要的战略意义。当前，在战争、能源及产能过剩等因素的影响下，各国经济都面临着不同程度的衰退。在这种背景下，传统矿山的粗放型企业管理体系已经无法适应市场变化，导致相当一部分矿山企业的净利润大幅下降，甚至出现亏损。为了扭转这一局面，许多矿山企业加快了矿山资源开发的专业化服务进程，涌现出了一批独立于矿山企业之外的专业化服务公司，如设备租赁企业、生产总承包企业等。它们以提供优质服务为基础，承揽了多个矿山企业的专业化服务任务。

随着互联网、信息化、智能化技术的飞速发展，矿山装备行业的资金密集和技术专业化特征日益突出，专业化服务模式也发生了巨大变化。在专业化服务体系中，开展矿山设备有偿托管与租赁服务，对于矿山企业提升专业化水平、提高运营效率和竞争力至关重要。中国煤炭科工集团依托煤矿机电管理专业化服务资源，建立设备有偿托管和租赁服务平台，可以对新建矿井或设备管理能力较低的矿井实施采、掘、机、运、通等成套设备以及生产运维等有偿托管，也可以对国内一些矿井的闲置设备进行托管，以解决设备闲置问题，提高矿山设备利用率，盘活矿山企业资金。

在互联网时代，依托数字化平台，通过设备有偿托管和租赁模式，提供专业的矿山生产技术服务，能够有效降低全国矿山企业的设备及生产运营成本，确保设备长期良好运行，提升中小型矿山企业的运营管理和盈利水平。因此，如何优化矿山设备供应、调控矿山设备来源、提供专业化服务并规避企业风险，已成为当前矿山装备专业化服务管理中的重要研究课题。

本书以矿山设备租赁企业的特点为出发点，构建了互联网时代的矿山装备租赁服务模式，提出了矿山装备租赁专业化服务与业务模式，搭建了矿山装备租赁组织管理体系。

互联网时代背景下，矿山装备服务平台化研究还有待于进一步探索，衷心希望本书的出版能够为矿山装备服务业的发展提供智力支撑。由于编写时间和人员水平有限，书中难免存在不足之处，恳请读者批评指正。

著　者

2024 年 3 月

目　　　录

第1篇　互联网时代矿山装备租赁服务模式研究

第2篇　矿山装备租赁专业化服务与业务模式研究

第3篇　矿山装备租赁组织管理体系研究

第4篇　矿山装备服务平台构建与实践应用

第1篇 互联网时代矿山装备租赁服务模式研究

1 租赁的产生与发展

1.1 租赁及租赁市场

1.1.1 租赁的定义

租赁（Lease）是指在约定的期间内，出租人将资产使用权让与承租人以获取租金的行为。租赁是一种以一定费用借贷实物的经济行为。出租人将自己所拥有的某种物品交与承租人使用，承租人由此获得在一段时期内使用该物品的权利，但物品的所有权仍保留在出租人手中。承租人为其所获得的使用权需向出租人支付一定的费用，称为租金。现代租赁是指在企业需要机器设备时，由租赁公司直接购入该设备之后再转租给企业，以"融物"代替"融资"，为企业开辟了一条获取机器设备的新途径。

1.1.2 租赁的功能与特点

1. 租赁的功能

对承租人来说，租赁能够开辟新的融资渠道，对广大中小企业而言具有特殊意义。承租人可以借助租赁保留银行贷款额度和紧缺的现金资源，增强企业营运资金的灵活运用能力。对于机器设备租赁来说，租赁有助于加速机器设备更新。对于设备淘汰更新快的企业而言，租赁为机器设备快速升级创造了便利条件。在多数情况下，承租人把残值风险转移给了出租人，减少了设备因过时而遭淘汰的风险。

对于出租人来说，租赁是一种理财方式，通常情况下租赁利息较银行贷款利息高，因此，租赁公司、金融机构发展租赁业务更具有吸引力。在租赁期满，租赁财产返还给出租人的情况下，如果其实际价值远高于最初签订契约时的预计残值时，会给出租人带来大额利润。

对于设备制造商而言，租赁公司负责解决承租人需要的设备所需资金问题，有利于设备销售商促销产品。由于租赁公司一次付现，能够加速设备销售商的资金周转，可以降低设备销售商的销售风险。

2. 租赁的特点

1）所有权与使用权分离

租赁的主要特征是租赁资产的所有权与使用权相分离，根据此特征将租赁和一般的买卖交易相区别。在约定的租赁期内，所租物品的所有权属于出租人，而使用权归承租人。租赁的发展丰富了所有权与使用权分离的形式。

2）融资与融物相结合

租赁是一种商业活动，但它不同于一般的商品交易，具有金融和贸易紧密结合、同时进行的特点。这一特点将金融信贷（借钱）和物资信贷（借物）融合在一起，成为一种新的融资方式。融资渠道和交易方式多样化，有助于打破形形色色的、程度不等的垄断，推动各机构之间的相互竞争，提高工作效率。

3）租金的分期归流

在所有权与使用权相分离的前提下，租赁与消费信用一样，采取了分期回流的方式。承租人交付租金的次数和金额由承租人与出租人具体商定。

4）资金运动形式独特

租赁由于具有融资与融物双重职能，它的运动也就以商业资金运动形式为基础。它包括了购入、租出、获利三个阶段。

5）交易方式灵活方便

租赁是一种灵活方便的交易方式，在这种方式下，租期的选择极为灵活，短则几个月，长则数年。

1.1.3 租赁市场的要素构成

租赁市场就是租赁行为发生的市场，租赁市场具有融资与融物双重性质。租赁市场的要素构成主要可以分为出租人、承租人、供货商、租赁标的与租赁标的物和租赁费用与期限。

1. 出租人

出租人是指出租租赁标的物的自然人或法人。

2. 承租人

承租人是指支付租金，享有租赁标的物使用权的自然人或法人。以融物的方式为承租人提供资金融通是租赁交易的基本功能。

3. 供货商

供货商是指租赁市场上生产或出售租赁对象的厂商或个人。租赁对于供货商来说发挥着重要的促销功能。

4. 租赁标的与租赁标的物

租赁标的是指租赁合同当事人权利与义务所共同指向的对象或标为权利与义务的客体，一切动产、不动产都可成为租赁标的。租赁标的物是指当事人双方权利义务指向的对象，是指租赁合同中所指的物体或商品，即出租人于租赁合同生效后交付承租人使用、收益的物。租赁标的物可以是动产，也可以是不动产。

5. 租赁费用与期限

租赁费用指企业及个人为租赁设备而发生的所有现金流出量，主要由租金、设备安装调试费、利息、手续费、维修费、保险费、担保费、名义购买费等几方面费用构成。租赁期限是承租人合法享有租赁对象使用权的有效期限。

1.1.4 租赁市场的基本类型

根据租赁交易结构及与功能的不同，目前的租赁形式主要分为传统租赁和融资租赁两种类型。

1. 传统租赁

传统租赁是指出租人根据其对市场需求的判断而购进租赁物件，通过不断出租给不同用户使用而逐步收回租赁投资并获得相应的利润。对于传统租赁而言，虽然其历史悠久，但形式始终较为单一，其基本交易结构如图 1-1 所示。

图 1-1　传统租赁基本交易结构

根据传统租赁的定义和交易结构，可以总结出传统租赁具有以下特征：

（1）传统租赁交易一般以临时、短期为主要目的，所以通常情况下传统租赁的租期较短。

（2）传统租赁的租赁投资决策人是出租人。出租人购买租赁物件和设备时属于独立行为，与承租人无关。

（3）传统租赁只有两方当事人，即出租人与承租人。出租人原有或购买的租赁物件出租给承租人，承租人给出租人支付相应的租金。

（4）续租或退租。在租期结束后，承租人对租赁物件只能选择续租或退租，而不能选择留购，租赁物件的所有权不会转让。

2. 融资租赁

融资租赁是指出租人根据承租人对租赁物件的特定要求和对供货人的选择，出资向供货人购买租赁物件，并租给承租人使用，承租人则分期向出租人支付租金，在租赁期内租赁物件的所有权属于出租人所有，承租人拥有租赁物件的使用权。租期届满，租金支付完毕并且承租人根据融资租赁合同的规定履行完全部的义务后，对租赁物的归属没有约定的或者约定不明的，可以协议补充；不能达成补充协议的，按照合同有关条款或者交易习惯确定，仍然不能确定的，租赁物件所有权归出租人所有。我国各个职能部门对融资租赁的界定见表1-1。

表1-1 融资租赁界定

来源	界　定
《企业会计准则》	融资租赁是出租方向承租方提供需要的各种资源，并且将资源面临的风险及产生的利益都给了承租方，但是没有明确说明所有权的归属问题
商务部	在租赁业务中，承租人占主导地位，出租人根据承租的需要向第三方购买各种资源用以满足承租人的需求，并向承租人索取一定的报酬
银监会	银监会对融资租赁的界定带有法律约束，承租人与出租人有合同作为约束，出租人向承租人提供各种所需物品，承租人在合同期限内拥有物品的占有使用权并向出租人缴纳一定的费用
税法	税法界定的融资租赁更具有经济意义，可以是所有权的转移，即承租人依法可以在租赁结束后将设备的所有权购买过来，出租方先满足承租方的要求，把正确型号的设备提供给承租方，这是承租方拥有了设备的使用权，并在合同期限内向出租方提供一定的费用，在合同期满后，设备依照折旧计算残值，承租方可以依照自己的意愿决定是否购买设备，在整个融资租赁活动中不管设备的所有权归谁都要依法纳税

融资租赁是集融资与融物、贸易与技术更新于一体的新型金融产业，由于其融资与融物相结合的特点，出现问题时租赁公司可以回收、处理租赁物，因而能够有效降低风险，且在办理融资时对企业资信和担保的要求不高，其基本交易结构如图1-2所示。

图1-2 融资租赁基本交易结构

根据融资租赁的定义和交易结构可知，融资租赁具有以下基本特征：

（1）融资租赁的合约时间较长，属于中长期投资。

（2）租赁物由承租人决定，出租人出资购买并租赁给承租人使用。投资决策人与出资人的分割是融资租赁区别于传统租赁的根本所在，同样也是决定融资租赁其他基本特征的出发点。

（3）至少涉及三方当事人。一项融资租赁至少涉及三方当事人，即出租人、承租人和供货商。承租人先选定需要租赁的物件，出租人负责与供货商联系并购买设备，最后出租人将设备租给承租人使用。不同的融资租赁交易形式，参与交易的当事人以及合同可能会有增加。

（4）不可解约性。在融资租赁交易中，由于租赁物是出租人完全按照承租人的要求去指定购买的，并且有些租赁物可能是为承租人专门定制的。如果赋予承租人解除合约的权利，出租人既会面临资金占用损失，又将承担租赁物无法处置的风险。所以，租赁合同一经签订，在租赁期间任何一方均无权单方面撤销合同。只有当设备自然毁坏并已证明丧失了使用效力的情况下才能终止合同，但必须以出租人不受经济损失为前提。

（5）租赁期满，承租人有退租、续租和留购的选择权。在通常情况下，出租人由于在租期内已收回了投资并得到了合理的利润，再加上设备的寿命已到，出租人以收取名义货价的形式，将设备的所有权转移给承租人。

1.2　融资租赁的研究对象及内容

融资租赁是现代租赁市场的重要交易形式，被誉为租赁业中的朝阳产业，近年来倍受世人瞩目。分析融资租赁的研究对象与研究内容，能够更准确地理解融资租赁。

1.2.1　融资租赁的研究对象

融资租赁作为一种新型的租赁行业，其研究对象为不同主体之间的融资与融物的活动关系。融资租赁的研究对象和体系可简单分为融资租赁的内涵和融资租赁的外延两个层次，外延的具体内容可表现为三个方面：融资租赁的法律法规、税收政策和市场监管。

1.2.2　融资租赁的研究内容

1. 融资租赁的内涵

融资租赁的内涵是以融资租赁市场为研究对象，目的是揭示融资租赁产业存在和发展的一般规律。融资租赁市场是由租赁市场的基本要素和相关要素及这些要素的有机组合而形成的租赁交易形式。具体而言，融资租赁的内涵就是对融资租赁交易中的当事人（主要是出租人和承租人）、融资租赁交易的各种租赁资产以及当事人在进行交易时所形成的各种交易方式（即融资租赁产品）的过程。通过对融资租赁交易形式形成的原因、交易形式的具体内容、交易结构及其主要特征、各种融资租赁交易形式的区别与联系等方面的问题进行研究，以发现存在于融资租赁市场发展过程中的一般规律，并进一步指导新的融资租赁实践。

2. 融资租赁的外延

1）融资租赁法律法规

融资租赁的法律法规是融资租赁行业健康发展的保障。融资租赁是一种涉及租赁资产的金融交易，通常包括将资产租给租户，并允许租户在租期结束时购买资产或继续租赁，其法律法规主要包括：

（1）民法典。融资租赁通常涉及租赁合同，因此民法典中的相关规定通常适用。这包括合同的形成、有效性、履行、解决争端等方面的规定。

（2）会计准则。国际会计准则（International Financial Reporting Standards，IFRS）和美国会计准则（Generally Accepted Accounting Principles，GAAP）等会计准则通常包含了融资租赁的会计和财务报告要求，包括租赁资产的资产负债表记载、租赁支付的处理等。

（3）税收法规。在融资租赁的税收法规中，包括租赁支付的税务处理、资产折旧和税收优惠等问题。

（4）资产保险法。融资租赁涉及资产，因此资产保险法规可能适用。这包括资产保险的要求和责任。

（5）国际法。在跨国融资租赁交易中，国际法规也可能适用。例如，联合国国际货物销售合同公约（United Nations Convention on Contracts for the International Sale of Goods，CISG）可能适用于国际租赁交易。

2）融资租赁税收政策

（1）折旧和摊销。通常情况下，融资租赁的租赁支付会被视为租赁公司的收入，而不是租户的支出。因此，租赁公司可以根据适用法规对租赁资产进行折旧和摊销，从而减少其应纳税额。

（2）利息扣除。融资租赁支付通常包括租金和利息。有些国家允许租赁公司扣除支付给融资机构的利息部分，以减少应纳税额。

（3）租赁期限。一些国家对租赁期限施加税收规定。较长的租赁期限可能导致不同的税收处理方式。

（4）税收抵免和减免。一些国家或地区可能提供特定的税收抵免或减免，以鼓励融资租赁业务。这些政策可以有助于降低税收负担。

（5）交叉边界交易。对于国际融资租赁交易，跨境税收政策可能适用。这可能涉及双重征税协定，以避免在不同国家之间重复征税。

（6）租金支付时间。税收政策通常会考虑租金支付的时间，通常在租赁期间均匀分布，或者可能会在特定时间点进行。

（7）消费税。一些地区对融资租赁业务收取消费税或增值税。消费税政策会影响租金的最终成本。

（8）租金和利息分离。某些国家允许租赁公司将租金和利息分离，以便更好地管理税收和财务。

3）融资租赁市场监管

融资租赁的市场监管旨在确保市场的透明度、公平竞争和保护相关各方的权益，通常包括以下内容：

（1）金融监管机构。许多国家通过颁布法规、许可租赁公司、监督市场活动等方式监督融资租赁市场，并保护当事人权益。在美国，联邦储备系统、联邦储蓄银行监督机构（Federal Deposit Insurance Corporation，FDIC）和其他地区性金融监管机构可能涉及融资租赁市场监管。

（2）税务监管。税务机构通常会监督融资租赁交易的税收方面，确保正确处理租赁支付、折旧、利息和其他税务事宜。

（3）会计和财务监管。会计准则和监管机构规定了如何处理融资租赁交易的会计和财务披露。这包括确保租赁公司和租户遵守适用的会计准则，如 IFRS 或 GAAP。

（4）风险管理。监管机构通过关注市场风险和系统风险并及时采取管理措施，以确保融资租赁市场的稳定性和健康。

1.3 互联网时代租赁发展现状分析

1.3.1 世界租赁业发展现状分析

1952 年美国成立了世界第一家融资租赁公司——美国租赁公司（现更名为美国国际租赁公司），揭开了现代融资租赁业的序幕。经过 70 余年的发展，融资租赁已经成为全球范围内仅次于银行信贷的第二大融资方式和商品流通渠道，也成为全球经济增长的重要推动力量。据《2023 世界租赁年报》统计，从全球租赁交易额来看，2011—2020 年总体保持平稳快速增长，2020 年为 13381 亿美元，2021 年为 14631.9 亿美元，较 2020 年的 13381.9 亿美元增长了 9.3%，如图 1-3 所示。

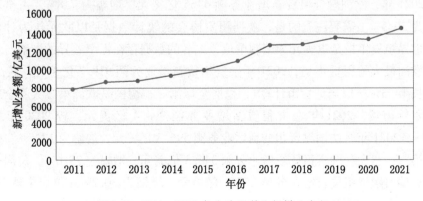

图 1-3 2011—2021 年全球租赁业新增业务额

从地区分布来看，北美洲、欧洲和亚洲仍是全球最主要的租赁市场，三个地区的新增业务额总和占全球市场的96%，如图1-4所示。

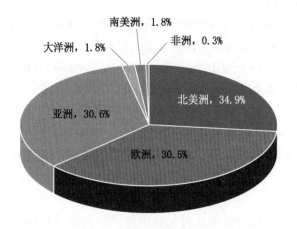

图1-4　2021年各地区融资租赁市场份额

1. 北美洲

北美洲作为全球最大的租赁市场，2021年融资租赁新增业务额5104亿美元，占全球的34.9%。美国仍是全球最大的单一租赁市场，2021年融资租赁新增业务额为4729.7亿美元，较2020年增长了7.4%，但还未恢复到疫情暴发前的水平。2021年，加拿大融资租赁新增业务额306.3亿美元，较2020年增长了6.9%。墨西哥2021年融资租赁新增业务额67.9亿美元，较2020年增长了2.3%（以当地货币计算）。

2. 欧洲

2021年，欧洲融资租赁新增业务额4465亿美元，增幅为7.8%，占全球的比重为30.5%。需要注意的是，欧洲租赁协会的统计数据是以欧元作为计价单位，世界租赁年报是以美元为编制单位，二者的数据存在汇率差异的影响。英国仍是欧洲最大的租赁市场，2021年融资租赁新增业务额919.7亿美元，较2020年增长14.3%（以当地货币计算），稳居全球第三；德国是欧洲第二大、全球第四大租赁市场，2021年融资租赁新增业务额904.4亿美元，较2020年增长21.8%。2021年，法国融资租赁新增业务额596.3亿美元，增幅为12.5%，位居全球第六；意大利融资租赁新增业务额344.5亿美元，增幅为25.6%，位居全球第七；瑞典融资租赁新增业务额255.1亿美元，增幅为30.2%，位居全球第十；俄罗斯2021年融资租赁新增业务额约170亿美元（估计所得）；乌克兰在2020

年全球租赁市场中排名第四十，2021 年由于缺乏相关数据未纳入统计和排名。

3. 亚洲

2021 年亚洲融资租赁新增业务额较 2020 年增长了 11.4%，达到 4480 亿美元，占全球租赁市场的份额升至 30.6%。中国是全球第二大租赁市场，2021 年融资租赁新增业务额 3415 亿美元，增幅达 10%，彰显了 2021 年中国经济发展的雄厚实力。日本是亚洲第二大、全球第五大租赁市场，2021 年融资租赁新增业务额 648 亿美元，较 2020 年增长 8.7%。中国台湾作为亚洲地区第三大租赁市场，2021 年融资租赁新增业务额 230 亿美元，比 2020 年增长 23.4%，位列全球第十一位；韩国是亚洲第四大租赁市场，2021 年融资租赁新增业务额 145 亿美元，较 2020 年增长 12.1%，位列全球第十四位。此外，印度融资租赁新增业务额 26.5 亿美元（增长 44.8%），马来西亚融资租赁新增业务额 11.8 亿美元（增长 24.8%），中国香港租赁业近两年持续萎缩，2021 年融资租赁新增业务额较 2020 年下降了 39%。

1.3.2 中国租赁业发展现状分析

改革开放之初，我国在外汇紧缺的背景下，为拓宽外资渠道，引进先进技术、设备和管理的需求，从日本引入融资租赁概念。1981 年，中国东方国际租赁公司和中国租赁有限公司的成立，标志着我国现代租赁体制的建立。随着中国加入世贸组织，在经过了 20 多年曲折缓慢的发展历程后，中国租赁行业迎来爆发式增长，为我国经济社会的快速发展作出了重要贡献，并在我国经济结构转型的关键期迎来新一轮的发展机遇。发展至今，融资租赁在我国已经有四十多年的发展历史。我国融资租赁业的发展大致分为五个时期：

1980—1987 年的起步发展阶段。1979 年 10 月，中信公司成立，该公司开启了中国最早的租赁业务实践，1980 年初，中信公司成功推动了中国民航通过美国劳埃德银行的杠杆融资租赁方式，从美国汉诺威尔租赁公司融资租赁了一架波音 747SP 飞机。1981 年 4 月，中国第一家中外合资租赁公司——中国东方国际租赁公司成立，其由中信公司与日本东方租赁公司共同出资成立，同年 7 月中信公司与内资机构合作成立了中国租赁有限公司，这是中国第一家非银行金融机构类的融资租赁公司，这两家融资租赁公司在同一年成立，正式标志着我国融资租赁业开始翻开新篇章。

1988—1999 年的过热停滞阶段。受到我国经济过热的影响，这一阶段的初期融资租赁业发展显著过热，租赁合同额于 1992 年达到顶峰 38.33 亿美元。然而，随着企业制度改革所带来的政企分开、企业自负盈亏等变化，我国最高人民法院公布司法解释，规定政府为经济合同提供担保无效，企业不享受财政、银行等部门提供的担保，租赁公司风险剧增，开始面临承租方拖欠租金，资产质量严重恶化，正常业务难以继续经营的问题。到 1995 年，我国新颁布《商业银行法》，明文禁止商业银行混业经营，由此融资租赁公司进一步失去商业银行的资金，遭受重创；之后的亚洲金融危机则使得外资撤出，租赁公司进一步失去境外资金。在这种情况下，一些租赁公司脱离租赁主业，违规高息揽储，高负债运营，资本充足率过低，隐藏着巨大的风险。

2000—2006 年整顿恢复阶段。进入 21 世纪，中国政府开始对已经进入混乱状态的融资租赁业进行整顿，主要表现在以下几方面：一是行业治理。2000 年 8 月，中国华阳金融租赁有限公司因为严重违规经营，无力支付到期债务，被中国人民银行撤销经营资格，其代表了融资租赁业整顿的开始；二是制度建设，一系列法律法规相继出台。2004 年 12 月，商务部、国家税务总局发布了《关于从事融资租赁业务有关问题的通知》，规范内资企业的融资业务的发展，为融资租赁的发展提供了规范的制度环境；2005 年 2 月，根据我国入世的承诺，商务部特此颁布了《外商投资租赁业管理办法》，规范外商投资的租赁行业。2006 年 2 月，财政部发布的《企业会计准则——租赁》，为融资租赁的会计报表的处理提供了基准。同年 6 月，中国人民银行颁布《金融租赁公司管理办法》，自此金融租赁的监管有了法律依据。在强有力整顿后，经营环境得到极大改善的融资租赁业开始恢复。

2007—2017 年跨越式发展阶段。2007 年 3 月，中国银行业监督管理委员会修订颁布了《金融租赁公司管理办法》并正式实施，允许符合一定条件的商业银行和其他金融机构设立或参股金融租赁公司，从此银行背景的融资租赁公司，现称"金融租赁"被作为一类的融资租赁机构与其他类型的融资租赁公司分离出来。新办法规定，商业银行再次被允许进入金融租赁业，工商银行、建设银行、交通银行、招商银行、民生银行，这五家银行被批准，并相应组建金融租赁公司。在几大商业银行的大力推动下，我国金融租赁业迅猛发展，租赁资产规模快速增长，资产质量得到改善。2009 年 2 月，商务部发布《关于由省级商务主管部门和国家经济技术开发区负责审核管理部分服务业外商投资企业审批事项的通知》，外商投资融资租赁公司的审批权限开始下放至省级商务主管部门。2015 年 9 月，国务院办公厅发布《国务院办公厅关于加快融资租赁业发展的指导意见》和《国务院办公厅关于促进金融租赁行业健康发展的指导意见》。《指导意见》明确要进一步加快融资租赁行业发展。此阶段政策支持力度的加大，融资租赁行业的公司数量大幅增加，市场规模持续扩大，服务领域更加广泛，市场活跃度明显提升。

2018 年至今稳步发展阶段。2018 年银监会与保监会合并为银保监会并承担监管融资租赁公司的职责。2020 年 5 月，银保监会颁布《融资租赁公司监督管理暂行办法》，对行业杠杆、抵押物、资产集中度等方面作了具体要求。2022 年 2 月 11 日，中国银保监会印发《中国银保监会办公厅关于加强金融租赁公司融资租赁业务合规监管有关问题的通知》，旨在规范金融租赁公司合规展业，准确把握市场定位和功能，摒弃"类信贷"经营理念，做精做细租赁物细分市场，提升直租在融资租赁交易中的占比。2018 年以来，融资租赁公司数量较为稳定，融资租赁合同余额出现小幅下滑，中国金融租赁业进入了一个稳健发展时期，融资租赁发展历程如图 1-5 所示。

融资租赁行业在发达国家是与"银行信贷""资本市场"并驾齐驱的三大金融工具之一，在国家经济和金融体系发展中扮演着重要的角色。近年来，受宏观经济环境及行业监管体制发生重大变化等因素影响，融资租赁行业主体数量和融资租赁业务余额均有所下降。根据租赁联合研究院发布的《2023 上半年中国融资租赁业发展报告》，截至 2023 年 6 月末，全国融资租赁企业（不含单一项目公司、分公司、SPV 公司和收购海外的公司，包括一些地区列入失联或经营异常名单的企业）总数约为 9540 家，较 2022 年末的 9840 家减少了 300 家，融资租赁合同余额为 5.77 万亿元，较 2022 年末的 5.85 万亿元减少了 840 亿元，下降 1.14%，2016 年末至 2023 年 6 月末全国融资租赁合同余额及增速如图 1-6 所示。

在当前发展背景下，融资租赁业的发展既面临着机遇，同时也存在不少挑战。受限于宏观经济增长放缓、金融监管趋紧、行业竞争加剧，我国融资租赁企业数量、租赁合同余额的增速放缓。尽管如此，融资租赁行业利润仍处于良好水平，融资租赁行业整体发展态势良好。另一方面，与发达国家相比，我国融资租赁行业仍处于初级发展阶段，市场渗透率低，未来仍存在很大提升空间和市场潜力。

1.3.3 矿山行业租赁发展现状分析

矿山行业的租赁主要是矿山机械设备（矿山装备）的租赁。矿山装备是直接用于矿物开采和富选等作业的机械，包括采矿机械和选矿机械，主要有七大类，约 300 多个品种和数千种规格的产品。由于矿山设备包括煤矿设备与非煤矿设备，而煤矿设备近些年随着煤矿行业的发展，其租赁业务和服务种类也在逐渐增多，可以说，煤矿行业是矿山行业发展的领头羊和方向代表，因此对矿山行业租赁的发展现状可以通过对煤矿行业租赁的发展现状来进行分析。

1. 不同产品类型煤矿设备租赁分析

煤矿设备租赁产品主要包括下列几种类型，液压支架租赁、掘进机租赁、采煤机租赁、刮板输送机租赁以及其他，其规模见表 1-2，市场份额如图 1-7 所示。整体来看，液压支架是综采工作面使用的主要设备之一，国内的液压支架租

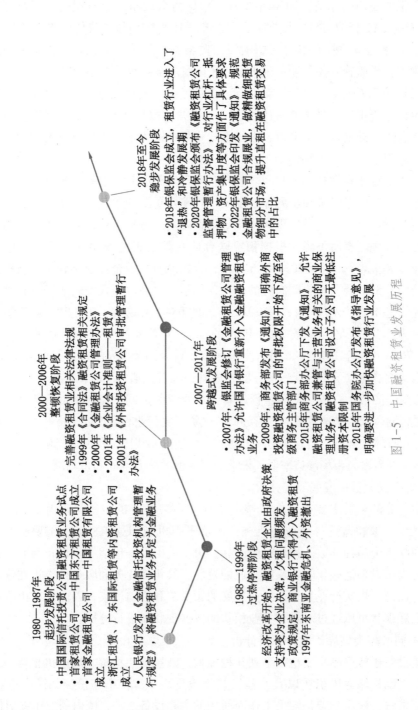

图 1-5 中国融资租赁业发展历程

1980—1987年 起步发展阶段

·中国国际信托投资公司融资租赁公司成立
·首家租赁公司——中国东方租赁有限公司成立
·首家金融租赁公司——中国租赁有限公司成立
·浙江租赁、广东国际租赁等内资租赁公司成立
·人民银行发布《金融信托投资机构管理暂行规定》，将融资租赁业务界定为金融业务

1988—1999年 过热停滞阶段

·经济改革开始，融资租赁企业由政府决策支持变为企业决策，欠租问题频发
·政策规定，商业银行不得介入融资租赁
·1997年东南亚金融危机，外资撤出

2000—2006年 整顿恢复阶段

·完善融资租赁业相关法律法规
·1999年《合同法》融资租赁相关规定
·2000年《金融租赁公司管理办法》
·2001年《企业会计准则——租赁》
·2001年《外商投资租赁公司审批管理暂行办法》

2007—2017年 跨越式发展阶段

·2007年，银监会修订《金融租赁公司管理办法》允许国内银行重新介入金融租赁业务
·2009年，商务部发布《通知》，明确外商投资融资租赁公司的审批权限开始下放至省级商务主管部门
·2015年商务部办公厅下发《通知》，允许融资租赁公司兼营与主营业务有关的商业保理业务，融资租赁公司设立子公司无最低注册资本限制
·2015年国务院办公厅发布《指导意见》，明确要进一步加快融资租赁行业发展

2018年至今 稳步发展阶段

·2018年银保监会成立，租赁行业进入了"退热"和冷静发展期
·2020年银保监会颁布《融资租赁公司监督管理暂行办法》，对行业杠杆、抵押物、资产集中度等方面作了具体要求
·2022年银保监会印发《通知》，规范金融租赁公司合规展业，提升直租在融资租赁物中的占比，做精做细融资租赁交易

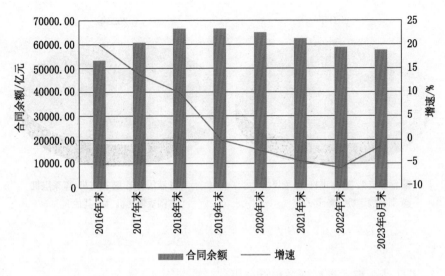

图1-6 2016年末至2023年6月末全国融资租赁业合同余额及增速

赁的份额占比2021年约为37.37%。液压支架租赁从2017年的约328.8百万元市场规模增长到2021年的959.1百万元，2017—2021年复合增长率（CAGR）为30.69%；预计2028年约为42.95亿元，2022—2028年复合增长率（CAGR）为25.50%。

表1-2 中国市场不同产品类型煤矿设备租赁规模（百万元）及增长率对比

产品类型	2017年	2021年	2028年	CAGR（2017—2021年）	CAGR（2022—2028年）
液压支架	328.8百万元	959.1百万元	4294.9百万元	30.69%	25.50%
掘进机	191.5百万元	507.8百万元	2124.1百万元	27.61%	24.36%
采煤机	180.3百万元	463.7百万元	1979.3百万元	26.64%	25.00%
刮板输送机	148.6百万元	282.3百万元	1042.9百万元	17.40%	21.59%
其他	150.9百万元	353.5百万元	1344.9百万元	23.72%	22.32%
合计	1000.1百万元	2566.4百万元	10786.1百万元	26.57%	24.35%

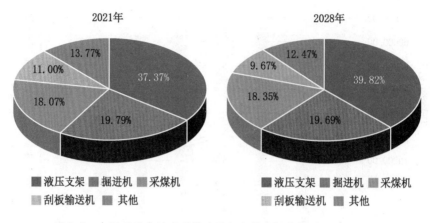

图1-7　中国不同产品类型煤矿设备租赁市场份额（2021&2028）

2. 不同业务模式煤矿设备租赁分析

从业务模式来看，煤矿设备租赁业务主要包括直接租赁和售后回租两种模式。随着煤矿设备租赁的逐年增长，直接租赁以及售后回租的市场规模亦随之增长。中国市场业务模式煤矿设备租赁规模（百万元）及增长率对比见表1-3，中国业务模式煤矿设备租赁市场份额（2021&2028）如图1-8所示。其中直接租赁从2017年的约951.5百万元市场规模增长到2021年的24.68亿元，2017—2021年复合增长率（CAGR）为26.91%；售后回租从2017年的48.6百万元市场规模增长到2021年的98.5百万元，2017—2021年复合增长率（CAGR）为19.32%。2022年直接租赁的业务模式市场规模，约为28.07亿元，预计2028年约为104.65亿元，2022—2028年复合增长率（CAGR）为24.52%。2022年售后回租的市场规模为1.09亿元，预计2028年约为3.21亿元，2022—2028年复合增长率（CAGR）为19.67%。

表1-3　中国市场业务模式煤矿设备租赁规模（百万元）及增长率对比

业务模式	2017年	2021年	2028年	CAGR（2017—2021年）	CAGR（2022—2028年）
直接租赁	951.5百万元	2467.9百万元	10464.8百万元	26.91%	24.52%
售后回租	48.6百万元	98.5百万元	321.3百万元	19.32%	19.67%
合计	1000.1百万元	2566.4百万元	10786.1百万元	26.57%	24.35%

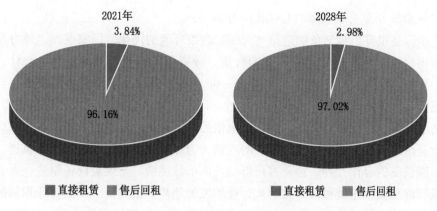

图 1-8 中国业务模式煤矿设备租赁市场份额（2021&2028）

3. 中国煤矿设备租赁市场整体分析

煤矿设备产品不是社会通用产品，产品的专业性强，其发展完全受控于煤矿行业的发展。如图 1-9 所示，2021 年在紧供给基本面作用下，煤价大幅上涨，促进了煤矿产业的发展，间接导致煤矿设备租赁增长率增幅较高。2014 年以来固定资产投资的下降导致了近年更新替换需求的下滑，而且考虑到煤炭供需缺口仍然存在，新增产能对煤矿设备的需求有望持续释放。

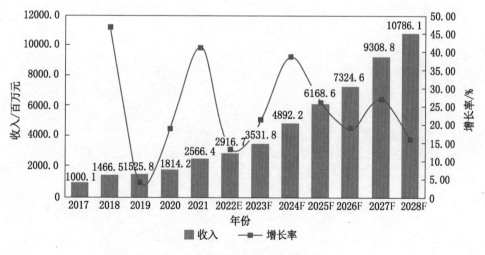

图 1-9 煤矿设备租赁市场规模

据统计，2017 年煤矿设备租赁市场规模约为 10 亿元，2021 年中国煤矿设备租赁市场销售收入达到了 25.66 亿元，预计 2028 年可以达到 107.86 亿元，

2022—2028 年复合增长率（CAGR）为 24.35%。

　　中国是世界机械装备制造第一大国。政策环境的优化，国家层面、地方层面不断出台扶持融资租赁健康发展的政策，融资租赁行业发展的法律、会计、监管、税收正在逐步优化完善。中国"一带一路"倡议及京津冀协同发展、自贸区建设、中国制造 2025、供给侧结构性改革等国家战略催生巨大融资租赁需求。加之近两年，石化价格猛涨，煤炭发电依然是国家工业发展的主要能源，煤矿设备行业持续复苏。制造业产能过剩的现状，为煤矿设备租赁模式带来了机遇，通过与制造商的合作互补，租赁客户群呈几何倍数递增，与煤炭设备制造企业合作形成厂商租赁或融资租赁，是煤矿行业的发展趋势，也是整个矿山行业租赁的发展趋势。综上所述，矿山行业租赁处于发展初期，且发展市场广阔、环境优良，未来潜力巨大。

2 矿山装备租赁服务发展形势分析

2.1 矿山装备租赁服务发展背景与意义

2.1.1 矿山装备租赁服务发展背景

《中国制造 2025》重点强调了"鼓励符合条件的制造业贷款和租赁资产开展证券化试点，支持重点领域大型制造业企业集团开展产融结合试点，通过融资租赁方式促进制造业转型升级"，为矿山装备租赁服务发展奠定了良好的基础。

矿山行业属于资金高密集行业，大型矿山生产所需机械装备具有价格高、与矿山生产密切相关等特征，矿山企业在经营过程中必须不间断地推进装备更新，当国内外相关矿产资源市场进入低迷期时，只能采用分期付款的传统方式对矿山装备进行更新，矿山企业越来越关注采购负担造成的影响问题。矿山行业智能化发展要求矿山装备的更新要求高、更新间隔时间短，采用传统内部租赁、经营租赁的模式已不能满足矿山企业对矿山装备的实际需要。

矿山企业属于高危企业，矿山装备对于矿山企业安全生产的作用至关重要，而恶劣的井下环境以及高频率的开采操作使得其有大量的维修养护需求。由于各矿山地质条件、开采难易程度各不相同，我国矿山装备闲置情况非常普遍，盘活需求巨大。上述需求逐步催生了一个专业化的矿山装备融资租赁服务行业。

现阶段，矿山企业自服务模式在矿山装备租赁中占比较高，主要原因有三点：一是由于第三方服务商目前整体上规模小、服务能力弱、平台概念差，难以保证矿山企业对成套或单体装备的需求；二是因为矿山装备管理手段落后，至今大多数仍是机电设备租赁中心针对装备租赁进行管理，对自身的闲置矿山装备状况、经营效率、成本等方面并不完全了解，常会造成信息滞后和遗漏的现象；三是矿山装备租赁服务的专业化服务模式与专业化保障机制尚未完全建立，不利于矿山装备租赁服务的发展。矿山企业自服务模式由于存在以上缺点，并不利于其聚焦矿山装备租赁业务。随着市场竞争加剧，第三方专业服务商将进一步加强服务能力和技术水平，在效率和成本上的优势也会逐步凸显，市场占有率也将随之上升。

2.1.2 矿山装备租赁服务发展目标

矿山装备租赁服务发展的总体目标为回归租赁本源、服务实体经济。具体目标为：打破矿山装备租赁信息孤岛，建立全方位一体化的矿山装备服务集成平台。通过融资租赁方式，以较少的成本完成矿山装备的租赁，并完成风险管控；在租赁平台上，矿山企业能够完成矿山装备的选型、配套、搬家倒面、维修、再制造等功能，并且可以做到通过移动客户端（手机、电脑等）实时监测、及时维护修理、实时报警，基于互联网与物联网进行矿山装备的智能运维、再制造，实现设备全生命周期管理。坚持产业化、市场化和国际化的发展方向，为矿山装备租赁服务的发展创造一个良好的环境。

2.1.3　矿山装备租赁服务意义

1. 缓解矿山的运营压力

在矿山资源价格下跌、信贷控制的情况下．对购买装备的矿山企业而言，银行授信额度有限、其他融资手段成本高、资金链紧张等都成为更新矿山核心生产装备、限制矿山安全生产的不利条件。采用把装备使用权与所有权进行分割，通过融资租赁的方式引进矿山装备的方式，矿山企业便可以将整个装备的采购付款周期延长，从而降低资金周转压力。

2. 促进矿山生产设备更新，提高技术水平

矿山生产的核心装备重置对资金的要求量较大。在经济形势向好的情况下，矿山企业可以通过充足的资金购买矿山装备。但在矿产资源价格大幅下跌、经济形势趋缓的情形下，如果要在短时间内付清矿山装备的所有款项，将会占用大量的流动资金，降低整个企业的财务周转效率。矿山装备融资租赁利用融资租赁"以物融资"的特点，矿山企业可以在需要更新、采购生产矿山装备时，由租赁公司出面，按照矿山企业的要求购买指定型号的矿山装备，然后对矿山装备进行租赁使用，简化了融资手续、提高了融资效率。矿山企业利用少量初始资金便可以及时更新先进的矿山装备，既可最大限度地避免因购买矿山装备导致了资金紧张、无法及时引进设备带来的安全生产风险，又可以以矿山装备促生产，以生产促还款，做到生产资金的真正融通，进而提升矿山企业的行业竞争力。

2.2　互联网时代矿山装备租赁发展环境分析

矿山装备融资租赁市场所处的发展环境决定着行业的经营状况和未来发展前景。PEST 分析的核心要素为政治（Political）、经济（Economic）、社会（Social）和技术（Technological）四个要素。通过对矿山装备融资租赁行业进行 PEST 分析，往往可以更好地分析出在当前的环境下如何更好地发展以及将面对哪些挑战，把握矿山行业未来发展方向，以便于矿山企业与矿山装备融资租赁企业制定出更适宜的竞争战略。

2.2.1 政治环境分析

2015 年 5 月，国务院发布了《中国制造 2025》，指出"加快发展科技服务业，发展壮大融资租赁等生产性服务业，提高对制造业转型升级的支撑能力"。党的十九届五中全会指出"坚持把发展经济着力点放在实体经济上"。我国"十四五"规划纲要中也对矿山行业做了重要指示，要求"加快推进产业链智能化、数字化转型"。国家对制造业的重视程度不断提升，矿山装备融资租赁又是对实体经济重要的补充，将会随着制造业的快速发展和矿山行业的智能化、数字化转型而迎来更多发展机遇。

近年来，矿山行业以煤矿行业的智能化转型为带头，整个矿山行业进入了迅速升级发展的新阶段。2020 年 2 月，工业和信息化部与国家发展改革委、国家能源局等八部门共同发布了《关于加快煤矿智能化发展的指导意见》，明确提出"将智能化煤矿装备与现代煤炭开发利用深度融合，要求煤矿行业加快智能化建设，延伸到智能煤矿装备制造产业链，推动制造与服务的协同发展"。该政策有利于开展大型矿山企业、大数据专业服务商等数据平台之间的应用与交易，培育矿山行业基于融资租赁的新服务、新模式。

由于我国矿山装备融资租赁行业的起步较晚，成熟度还相对较差，矿山行业内的企业规模大小差距明显，融资租赁行业的管理水平较低。针对融资租赁可能出现的问题以及可能带来的负面影响，国家政策对融资租赁行业也有所调整。国家从 2015 年开始逐步规范融资租赁行业。中国银保监会于 2020 年 6 月专门推出了针对融资租赁行业的《融资租赁公司监督管理暂行办法》；2021 年 6 月，国务院国资委发布了《关于进一步促进中央企业所属融资租赁公司健康发展和加强风险防范的通知》，要求央企下属的融资租赁公司务必回归到真实产业；同年 12 月，中国人民银行推出地方金融监督管理条例（草稿征求意见稿），明确了融资租赁公司在内的地方金融机构的设立、监管、风险管理、法律责任等内容；中国银保监会于 2022 年 1 月 7 日发布了《关于印发金融租赁公司项目公司管理办法的通知（银保监办发〔2021〕143 号）》，其中就有提及融资租赁市场的发展近况和监管机构实施管理工作的具体要求，包括金融租赁公司设立项目公司方面的细化要求内容。从管理态势上来讲，目前的政策以及法规对融资租赁行业处于梳理和收紧状态，以保障行业获得有序、长久、健康的发展。

总的来说，当前政策的不断完善对于矿山装备融资租赁公司经营是友好的，无论是矿山行业、融资租赁业务的鼓励政策出台，还是有关矿山行业、融资租赁行业规范性文件的发布，都有助于矿山装备融资租赁的健康发展，为矿山装备融资租赁公司可持续发展奠定了良好的政治环境基础。

2.2.2 经济环境分析

矿山装备融资租赁行业的发展离不开经济环境的帮助。2023 年 10 月，自然资源部中国地质调查局国际矿业研究中心发布了《全球矿业发展报告 2023》（以下简称《报告》）。《报告》显示，受国际能源和主要矿产品价格上涨，以及我国煤炭、铁矿石等重要原材料和初级产品保供稳价政策等因素影响，我国采矿业固定资产投资持续增长。2022 年中国采矿业固定资产投资延续了 2021 年增长的态势，同比增长 4.5%。在采矿业固定资产投资中，受能源和重要民生商品保供政策影响，2022 年，煤炭开采和洗选业、黑色金属矿采选业固定资产投资大幅增长，分别增长 24.4% 和 33.3%；有色金属矿和非金属矿采选业固定资产投资增速也在 8% 以上，分别增长 8.4% 和 17.3%。

随着我国工业化现代化的发展，全国重心进一步向经济发展转移，2023 年我国矿产资源需求进一步增长。由于国际形势日趋复杂，国际资源获取难度加大，因此必须坚定不移地坚持立足国内，预计未来我国固体矿物开采业固定资产投资依然将保持较快增长态势，将带动矿山装备行业国内需求持续扩大。2018—2022 年采矿业固定资产投资增速情况如图 2-1 所示。

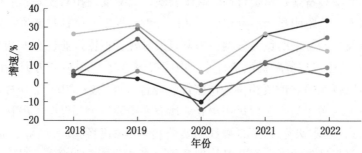

图 2-1 2018—2022 年采矿业固定资产投资增速

习近平总书记提出的"双碳"政策也使得矿山装备租赁业的经济发展不断提速。根据"双碳"政策，碳达峰前要侧重能源安全，要继续提高矿产资源生产供给质量，加强矿山行业的保供稳价，促进矿山行业先进产能投放，淘汰落后产能。这就要保证矿山先进矿井开发效率高、推进矿井智能化建设，对矿产资源的需求量持续增加，矿山装备的更新换代更快，能够持续刺激矿山企业对矿山新型装备的需求，也扩大了矿山装备租赁的市场。

总的来说，矿山装备融资租赁的经济环境较以往已经发生了较大变化，随着消费能力的提升，矿山装备融资租赁行业市场规模持续扩大。

2.2.3 社会环境分析

融资租赁业务模式自20世纪80年代便已引入我国，已经历了四十年左右的发展历史。随着国家放开对融资租赁公司注册的审批权限，融资租赁公司数量及业务规模均呈现几何式增长。据中国租赁联盟统计，截至2023年9月底，全国融资租赁企业总数约为9170家，租赁公司的业务总量为57560亿元左右，中国租赁业约占世界租赁业务总量的22.7%。融资租赁这一新型金融交易模式逐步被社会所认知和接受。

社会对于融资租赁的认可程度在提升的同时，由于人民整体文化水平得到显著提升，社会对于诚信意识的不断增加，并且随着大数据技术的进步和我国征信管理系统的不断完善使得失信成本进一步增加，融资租赁业务在逾期率表现方面日趋良好，有利于融资租赁公司对其信用风险的管理。当融资租赁公司出现新的产品或业务时，也能够更好地推向市场。

根据创新、协调、绿色、开放、共享的新发展理念，绿色发展注重的是解决人与自然和谐问题，社会对可持续发展的关注不断增加，对矿山行业的绿色发展持续关注。随着生活水平的日益提高，人民对"美丽中国、清洁家园"的渴求越来越强烈，中国正在竭力打造"资源节约和环境友好型社会"。国家大力扶持的绿色型、环保型、资源节约型等矿山装备的生产和销售为矿山装备融资租赁行业带来新的市场空间。矿山装备的租赁服务有利于闲置装备的回收再利用，也能促进对老旧、落后、不符合矿山行业智能化发展的相关装备的再制造，利用较小的成本完成对设备的升级，将新型的可持续性技术如电动设备、再生能源和燃料效率改进融入矿山装备中，符合矿山行业的创新、绿色、共享的发展理念。

2.2.4 技术环境分析

随着第三次工业革命的到来，全球进入互联网时代，融资租赁业务得到了迅速的发展。互联网时代为融资租赁带来了更多便捷和灵活性：新型技术的兴起能够带动矿山装备租赁业打破常规，借助移动互联网平台打破闭塞的租赁信息，通过在线平台使得出租人和承租人能够快速响应，准确对接，对矿山装备融资租赁的开始、操作、签订合同、过程监测、业务完成进行全方位实时跟进，将各种矿山装备、租赁服务以及项目数据在不同的主体之间进行共享，实现物品的使用权与所有权分离，有效地提高了矿山装备融资租赁的效率。同时，基于互联网的新型技术，能够使矿山装备租赁变得更加透明和便捷，为租赁业务带来更多潜在客户，增加租赁机会，并且，移动支付的发展改变了交易习惯，电脑或手机终端上的移动支付为矿山装备融资租赁公司和矿山企业的收付款提供了便利，提升了融资租赁的业务效率。并且，矿山装备融资租赁行业网络化、信息化趋势，为融资租赁公司更好地宣传自我、寻求合作、深耕市场提供了便利。

同时，矿山装备租赁业务能够通过物联网技术、大数据技术、云计算技术、5G 通信技术等多种技术相结合，对矿山装备进行实时状态监测、远程访问与管理、维护预测、数据存储、智能化运维，提升自身服务水平与管理效率，有效促进矿山装备租赁业务朝着专业化方向发展。

2.3　煤矿装备租赁企业特点与行业形势分析

2.3.1　煤矿装备租赁企业特点

煤矿装备租赁企业是能够为煤矿企业提供装备租赁服务的企业。该企业能够提供如采煤机、掘进机、液压支架、刮板输送机等大型核心生产设备租赁服务，又为煤炭生产企业提供必要的专业化安装、维护、配件、运输等业务。煤矿装备租赁企业特点主要有两方面：一是由于煤矿装备融资租赁具有涉及交易金额量巨大、时间持续较长、交易风险因素复杂的特点，所以煤矿装备租赁企业需要有大量装备购置资金；二是由于煤矿设备融资租赁涉及相关业务种类多、范围广、专业化程度较高，所以煤矿装备租赁企业要有专业化的技术队伍，需要懂得设备技术标准、性能指标、价格谈判、调度优化、配件储备、整机运输、维护检修等。

煤矿装备租赁企业为煤矿企业提供所需的煤矿装备，与煤矿企业签订相关租赁合同，可以是短期合同，也可以是长期合同，并依照合约交付相应装备供给煤矿企业使用，煤矿企业需要按照合约定期向煤矿装备租赁公司支付租金。不仅如此，煤矿装备租赁公司还可以利用煤矿企业的闲置设备进行二次租赁，开展转租赁的融资租赁业务，赚取租赁差价。

2.3.2　煤矿装备分类与特点

煤矿装备是煤矿生产的关键，也是煤矿装备租赁企业的租赁物。煤矿共分为六大系统，包括采煤系统、掘进系统、机电系统、运输系统、通风系统以及排水系统，每个系统包含的煤矿装备种类繁多。

1. 采煤系统

综采工作面全称综合机械化采煤工作面。一般拥有采煤机、液压支架、刮板输送机、转载机、破碎机、带式输送机等设备，整个采煤过程基本实现机械化作业。

采煤机是综采成套装备的主要设备之一，是实现煤矿生产机械化和现代化的重要设备之一，机械化采煤可以减轻体力劳动、提高安全性，达到高产量、高效率、低消耗的目的。采煤机按调定的牵引速度行走（牵引），使破煤和装煤工序能够连续不断地进行；液压支架是以液压为动力实现升降、前移等运动，来支撑顶板以及控制采煤工作面矿山压力的结构物。液压支架的作用是实现升架（支撑顶板）、降架（脱离顶板）、移架、推动刮板输送机前移，以及顶板管理等一整套工序，能够可靠地支撑和控制工作面的顶板，有效隔离采空区，防止矸石进入采煤工作面，保证正常作业空间；刮板输送机是用刮板链牵引，在槽内运送散料的输送设备。刮板输送机不仅用于运送煤和物料，还是采煤机的运行轨道，因此刮板输送机成为现代化采煤工艺中不可缺少的重要设备。刮板输送机保持连续运转是采煤工作面生产正常进行的必要条件；转载机全称是巷道用刮板转载机，是安装在矿井工作面下出口的区段运输平巷内的桥式刮板输送机。在工作时，一端与工作面的输送机搭接，一端与带式输送机的机尾相连把在采掘面上由刮板机运出的煤炭，由巷道底板升高后，转送到带式输送机上。破碎机主要作用是对于大块煤炭进行破碎；带式输送机是煤矿井下主运输（原煤输送）的主要设备之一，具有运量大、运距长、效率高、可连续运输、工作安全、噪声小等优点，综采工作面生产系统如图 2-2 所示。

图 2-2　综采工作面生产系统

2. 掘进系统

巷道掘进主要包括六大环节：调动掘槽、截割落煤、装煤运煤、临时支护、钻孔铺网、永久锚固。煤矿巷道掘进主要技术包括悬臂式掘进机综掘技术、连续采煤机掘进技术及掘锚一体化掘进技术三种。悬臂式掘进机综掘技术仅能"前掘后锚"，掘进与支护的过程不能同时进行，限制了掘进效率；连续采煤机掘进技术仅可在近水平煤层条件下进行，且对顶板的稳定程度有一定要求，适用性不强；掘锚一体化掘进技术仅适用于巷道断面大的单巷快速掘进，所用到的掘锚一体机机身大且价格昂贵，并对所掘进巷道的底板稳定性有一定的要求。相比连续采煤机掘进技术，掘锚一体化掘进技术在我国有较好的应用前景。三种较为常见的掘进模式均有不同的支护、配套设备进行施工作业，不同掘进模式形成的施工作业线的工作面配置及适用范围见表 2-1。煤矿掘进系统设备主要包括掘进机、钻锚机、锚网、锚杆钻机等。主要的掘进装备如图 2-3 所示。

表 2-1　掘进工作面配置及适用范围

作业线	掘进、支护设备	配套设备	特点及适用范围
一	悬臂式掘进机、单体锚杆钻机	桥式转载机、带式输送机	适用于单巷掘进，适用范围广；掘锚不能平行作业
	悬臂式掘进机、机载锚杆机、临时支护装备		适用于单巷掘进，适应范围广，有利于提高支护效率；机载锚杆钻机与掘进设备不配套，相互影响
二	连续采煤机、锚杆钻车	梭车、给料破碎机、带式输送机	适用于双巷或多巷掘进，掘进与支护平行作业，掘进速度快；巷道顶板稳定性需求高
		连续运输系统、带式输送机	适用近水平煤层掘进，巷道顶板稳定性需求较高
三	掘锚一体机、临时支护装备	行走给料破碎转载机、桥式带式转载机、可伸缩带式输送机	行走给料破碎转载机，适用于巷道断面大的单巷掘进，掘锚平行作业，适应顶、底板较为稳定的近水平煤层

悬臂式掘进机　　　连续采煤机　　　掘锚一体机

全断面掘进机　　　掘进机器人联合机组

图 2-3　掘进装备

智能化快速掘进系统是目前掘进的主要发展方向，主要包括以下几个方面：机械结构方面，以现有的掘进机为主作业平台，锚、支、护等装备为辅助作业平台，从而形成具有掘、锚、支护等多功能的一体化装备；作业工艺方面，通过研究巷道支护理论以及"掘、锚、支"装备作业空间关系，优化综掘工作面成巷工艺，较大程度上降低了掘进与支护作业循环时间，缓解了"采掘失衡"的局面，并大幅降低了巷道支护事故发生率。智能型快速掘锚成套装备由掘锚一体机、液压锚杆钻车、自移式连续带式输送机组成，具备精准定位、自主导航、自动钻探、智能截割、自动支护、连续转载、故障预诊、远程集控等功能，实现掘进工作面探、掘、支、运全工序智能化施工，打造少人或无人掘进工作面。通过将锚杆钻机和临时支护设备集成在掘进机上的方式，解决了锚杆钻机和支护设备移动和运输的难题，且钻锚装置、临时支护装置与掘进机共用一套液压动力系统，便于各设备组件的操作，提高了安全系数和巷道掘进的效率。同时，一体化装备中用于安装锚杆钻机和临时支护的副支架可以根据实际作业的需求，调整其在掘进机中的位置，以扩大装备一次作业的空间，综掘工作面数字化平台如图2-4所示。

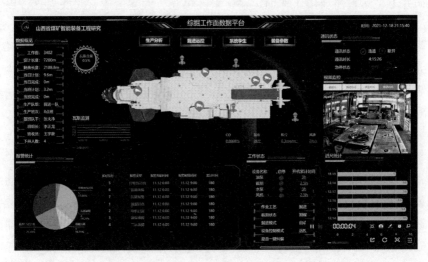

图 2-4 综掘工作面数字化平台

3. 机电系统

煤矿的机电系统是煤炭开采时不可或缺的一个辅助系统。它是采煤、掘进、运输、通风、排水等系统各种机械装备运转时负责提供动力来源的网络系统。为了确保矿井生产的安全，一般采用双回路的供电方式，在一条供电线路发生故障的时候能够及时切换到另一条线路进行供电，对于供电要求严格的矿井，还可以采取双电源双回路的供电方式。

4. 运输系统

矿井运输是指矿井的地下运输工作，主要任务是运出煤，其次是将废矸石运出地面，将材料设备运到井下使用地点，以及运送人员上下班等。煤矿运输系统是将地下采出的煤炭、废石或矸石等由采掘工作面运往地面转载站、洗选矿厂或将人员、材料、设备及其他物料运入、运出的各种运输作业，其中井底车场至井口间的运输作业属于矿井提升。矿井运输的特点是运量大、品种多、巷道狭窄、运距长短不一、线路复杂、可见距离短，因而作业复杂、维护检修困难、安全要求高。在有瓦斯和煤尘、矿尘爆炸危险的矿井，运输作业必须严格遵守有关安全规程的规定。矿井运输按运输设备划分有：矿井机车运输、钢丝绳运输、矿用输送机运输、无轨运输和水力运输（见水力采煤法）；其中前两种又称轨道运输或有轨运输。按运输作业地段划分，有工作面和采区运输、阶段或主要运输巷道（大巷）运输、斜井运输以及地面运输。在整个运输环节中，根据运输任务的不同，将原煤的运输称为主运输，将其他生产资料的运输称为辅助运输。一般形式的煤矿井下主运输主要由工作面运输、采区煤仓、大巷运输、井底煤仓，以及主斜井/立井提运这五个部分构成。其中工作面运输由刮板输送机、破碎机、转载机、带式输送机等主要设备构成；大巷运输由带式输送机串联或轨道矿车构成；主斜井/立井提运可以称为主井运输，其中主斜井采用的是带式输送机运输，立井则采用箕斗或罐笼提运。

5. 通风系统

通风系统的主要作用是为井下输送氧气，抽放粉尘、瓦斯等有害气体以及调节井下气候，同时还要具备防灾救灾和抗灾功能。煤矿通风系统对于保证矿井安全非常重要，也是矿井生产必备部分，煤矿通风系统可分为井上提供通风动力的主通风机和井下的通风网络两个部分，且两个部分又都是相互联系不可分割的。煤矿通风系统又可分为井上和井下两个部分，井上有矿井主通风机及相应辅助控制设施，主通风机是煤矿通风系统通风动力的主要来源，自然风压也可以提供部分通风动力，但往往数值很小，所以所有矿井都必须配备通风机提供通风动力，即机械通风。通风设备主要分为通风机、除尘风机和压抽风筒。

6. 排水系统

为保证井下的安全生产，井下的自然涌水、工程废水等都必须排出井外。由排水沟、井底水仓、排水泵、排水管路等形成的系统，其作用就是储水、排水，防止发生矿井水灾事故。一般情况下，水仓的容量、水泵的排水量等，只比正常的涌水量略大一些，如何合理地配备备用设施应根据具体的水文地质确定，既不要长期闲置，又要能应对中小型的突发涌水，矿井排水设备由水泵、电动机、启动设备、管路及管路附件、仪表等组成。

煤矿装备由于煤炭行业的特殊性，从而决定了其具有与其他行业机电装备不同的特点：

（1）非标性。在煤矿开采建设项目中常会出现多数装备都属于非标准装备的情况，在煤炭生产中，根据工作面地质条件的变化，选取不同的装备。比如，同一工作面煤炭赋存高度，采用不同开采方式，选取的采煤装备就可能不同，且不同截割功率的装备在某些情况下可以开采同一个煤矿的不同工作面。

（2）多样性。煤矿施工项目中常会出现装备品种繁多的情况，其中包含矿用采煤机械装备、矿用运输机械装备、矿用提升机械装备和电气装备等，全国煤机生产制造企业多，煤机制造行业没有统一标准，并且销售价格也有很大的差别。

（3）易损性。通常各个煤矿施工项目都有其独特性，普通煤机装备的可靠性不高，单件或者局部部件损坏严重，加上煤矿装备要求设备长期运转，在检修过程中对未到生命周期的轴承、托轮、钢丝绳等部件进行提前更换，备件的使用量极大，要求煤矿企业需要多配置库存量，并引入备用装备。

（4）服务性。多数煤矿工程施工单位所采购设备其实并不仅仅是装备本身，还包括及时、熟练的装备现场安装指导、调试及培训服务。在煤矿生产过程中，装备租赁企业还需要定期回访、现场保养等，用来保障煤矿设备的可靠运行。

2.3.3 煤矿装备租赁发展形势

在中国甚至全球范围内，煤矿仍然是主要的能源来源之一，煤矿装备的需求仍然相当大。煤矿装备租赁可以充分满足煤矿企业在不同阶段的需求，包括勘探、开采、运输等，具有很好的市场环境与市场需求。

煤矿装备租赁的发展与煤矿行业的发展密不可分。2023年10月，中国煤炭工业协会发布《2023中国煤炭工业发展报告》，《报告》指出，"十三五"以来，煤炭消费量从2016年的38.44亿吨增长至2022年的43.41亿吨。在未来一段时间内，我国煤炭消费总量将有小幅增长，在正常情景下，预计全国煤炭需求峰值约为45亿吨，至2030年全国煤炭需求约40亿吨。我国对煤炭的需求量始终在增加，煤炭行业发展依然后劲十足。由此可以看出，煤矿行业发展前景优良，对煤矿装备的租赁需求也一直在持续增加。基于互联网技术与物联网技术，煤矿装备租赁可以通过在线平台实现更便捷的设备租赁，满足企业的即时需求。在此背景下，煤矿装备租赁业服务逐渐向产业化、专业化快速发展。

综合来看，煤矿装备租赁行业的发展形势在需求大、技术升级、环保压力和共享经济等因素的推动下充满机遇。然而，市场竞争激烈、法规和安全压力以及经济波动等因素也需要行业内企业具备较强的适应性、竞争力，以及行业内企业规避风险的能力。

矿山装备融资租赁业务模式分类

在矿山装备融资租赁业务模式中，租赁物为矿山装备，且至少涉及三个主体，分别为出租人（租赁公司）、承租人（矿山企业）和供货人（设备厂商）。根据不同的业务模式，在融资租赁业务过程中主体可能会有所增加。

3.1 矿山装备经营租赁模式

3.1.1 经营租赁定义与基本特征

经营租赁又称为业务租赁，它是由大型生产企业的租赁部或专业租赁公司向用户出租本厂产品的一种租赁业务。出租人一般拥有自己的出租物仓库，一旦承租人提出要求，即可直接把设备出租给用户使用。用户按租约交租金，在租用期满后退还设备。

经营租赁基本特征为：①矿山装备由租赁公司采购，租赁给矿山企业使用；②一般情况下租期较短；③租赁公司向矿山企业不仅提供矿山装备使用权，还提供矿山装备的维修、保养等其他专业化服务；④为了改进自身技术，获得新装备或租金更低的装备，矿山企业可以提前终止合约，即经营租赁合同是可撤销的。

开展经营租赁业务时，出租人（租赁公司）需要承担的风险主要有以下几方面：一是出租人的出租收益会很大程度上受到市场风险和技术过时等因素的干扰，出租收益可能随着技术的发展和替代品的出现，与购买之初所预计的收益有较大差异；二是因矿山装备计算折旧计算方式的不同，每年会产生一定的波动，有可能导致出租人现金流或收益出现较大变动，进而影响出租人的整体租赁经营决策；三是矿山装备使用寿命周期较长，难以针对装备的未来剩余价值和剩余收益进行准确估计，出资人进一步提高筹资成本，使出租人不能充分利用财务杠杆在筹资过程中的作用。

3.1.2 经营租赁业务程序

经营租赁的基本业务流程如图 3-1 所示。

（1）矿山企业（承租人）选择设备厂商和租赁物（矿山装备）。

（2）租赁公司（出租人）按照矿山企业的选择，和设备厂商签订《买卖合同》，购买租赁物向供货商支付货款。

（3）矿山企业与租赁公司签订《租赁合同》，交付租赁物，矿山企业按期支付租金。

（4）租赁期满，矿山企业履行全部合同义务，按约定退租、续租或留购。

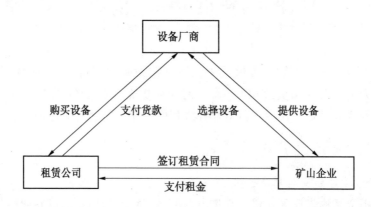

图 3-1 经营租赁业务流程

3.2 矿山装备融资租赁模式

3.2.1 矿山装备直接融资租赁模式

1. 直接融资租赁定义

直接融资租赁是指租赁公司根据矿山企业的选择，用自有资金、银行贷款或招股等方式在金融市场上筹集资金，向装备制造厂商购买矿山企业需要的矿山装备，再租给矿山企业使用的一种主要融资租赁方式。直接租赁方式无时间间隔，租赁公司不需要建立矿山装备库存，资金流动加快，有较高的投资效益。租赁期满，双方对装备残值进行评估处理后，矿山装备归矿山企业所有。

2. 直接融资租赁业务程序

（1）矿山企业选择所需的矿山装备，向租赁公司提出直租业务申请。

（2）租赁公司根据矿山企业的需求，与设备厂商签订《采购合同》。

（3）租赁公司与矿山企业签订《融资租赁合同》，双方进行融资，矿山企业支付货款，租赁公司交货并提供售后服务。

（4）支付租金及清算利息。

（5）租赁期满，分期款项支付完毕后，双方按合同约定处置租赁物（转让或续租）。

直接融资租赁的业务流程如图3-2所示。

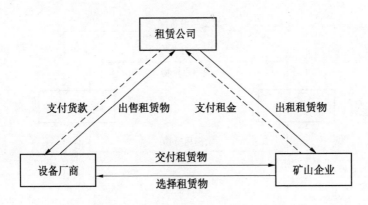

图3-2 直接融资租赁业务流程

3.2.2 矿山装备售后回租模式

1. 售后回租定义

售后回租交易是一种特殊形式的租赁业务，是指矿山企业将其拥有的矿山装备出售给租赁公司，再以融资租赁方式从租赁公司租回该装备的业务。售后回租是一种集销售和融资为一体的特殊形式，是矿山企业筹集资金的新型方法，可以盘活矿山企业资产并迅速回流资金。在售后回租交易中，矿山企业（承租人）与租赁公司（出租人）都具有双重身份，进行双重交易，形成资产价值和使用价值的离散现象。通过售后租回交易，矿山企业在保留对资产的占有权、使用权和控制权的前提下，将固定资产转化为货币资本，在出售时可取得全部价款的现金；而资产的新所有者（租赁公司）通过售后回租交易，找了一个风险小、回报有保障的投资机会。因此，售后回租一般适用于流动资金不足的矿山企业。

对于大型矿山企业来说，由于拥有大量的矿山装备，导致企业的资产流动性较差，亟须提高矿山企业资产的流动性。通过售后回租，矿山企业可以盘活现有设备资产，获得高灵活性、中长期资金储备，既满足日常经营、债务置换、项目投资等全方位资金需求，又可在租期内继续使用这些资产。

2. 售后回租操作流程

（1）矿山企业将矿山装备出售给租赁公司。

（2）租赁公司支付矿山企业货款。

（3）矿山企业作为承租人向租赁公司租回卖出的矿山装备，定期支付租金给租赁公司。

售后回租的基本流程如图 3-3 所示。

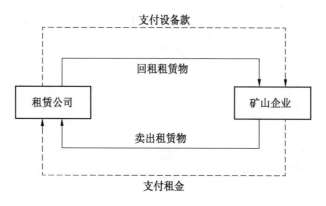

图 3-3　售后回租流程图

3.2.3　矿山装备厂商租赁模式

1. 厂商租赁定义与交易结构

厂商租赁是指由租赁公司与设备厂商签订针对矿山企业融资的合作协议。厂商租赁是设备厂商为装备的购买者提供租赁融资的方式，将装备交付给矿山企业使用的租赁销售方式。设备厂商以装备销售为驱动力，联动租赁公司和矿山企业，将厂商业务拓展需求、现金流管理需求以及矿山企业融物需求相结合并实现的一种融资租赁交易模式。

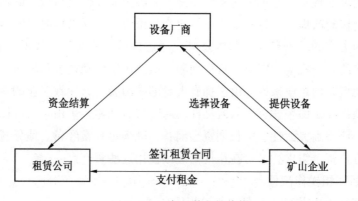

图 3-4　厂商租赁交易结构

厂商租赁的具体实现形式通常包括以下两类：①设备厂商和租赁公司存在股权关系，由设备厂商投资设立主要以其生产制造的产品作为租赁标的物的租赁公司，即厂商附属型租赁公司，所开展的融资租赁业务直接促进设备厂商的装备销售；②设备厂商和租赁公司存在合作关系，该种情形又被称作供应商租赁计划，由设备厂商同租赁公司进行合作，以厂商生产制造的产品作为租赁标的物来开展融资租赁业务，进而间接促进厂商的装备销售。厂商租赁的交易结构如图3-4所示。

2. 厂商租赁特点

（1）厂商租赁具有一定的供应链金融属性，主要解决设备销售和流通环节的资金融通问题。广义的供应链金融是对供应链金融资源的整合，是由供应链中特定的金融组织者为供应链资金流管理提供的一整套解决方案。在厂商租赁交易下，设备厂商和租赁公司充当组织者，为矿山装备资产的销售和流通环节提供相应的资金融通服务，因而厂商租赁属于广义的供应链金融范畴。但从供应链金融具体产品角度来看，不同于常见的应收款融资、应付款融资、存货质押融资等信贷产品，厂商租赁以装备资产的"物权"作为信用管控的抓手，在信用结构方面具有一定的特殊性。

（2）厂商租赁交易结构中，设备厂商和租赁公司不再是相互独立的身份，而具有股权或合作关系。由于国内金融监管的要求，从事融资租赁业务需要专门的牌照，设备厂商主要通过投资设立融资租赁子公司，或者同市场上独立第三方的融资租赁公司进行合作来推动厂商租赁。

（3）厂商租赁改变了设备厂商传统的买卖关系，为下游客户提供更加灵活多样的矿山装备获得方式。矿山装备厂商通过向矿山企业提供融资租赁服务，在产品销售的基础上进一步增加了服务要素，有效形成"产品+租赁+服务"的综合解决方案，进一步拓展了矿山装备厂商的市场外延。

3.2.4 矿山装备杠杆租赁模式

1. 杠杆租赁定义

杠杆租赁是融资租赁的特殊形式之一，又称为第三者权益租赁，是介于承租人、出租人及贷款人间的三边协定。由租赁公司（出租人）本身拿出部分资金，然后加上贷款人提供的资金，以便购买矿山企业（承租人）所欲使用的资产，并交由矿山企业使用；而矿山企业使用租赁资产后，应定期支付租赁费用。通常租赁公司仅提供其中20%~40%的资金，贷款人则提供60%~80%的资金。在杠杆租赁中，租赁公司既是出租人又是借资人，既要收取租金又要支付债务。这种融资租赁形式由于租赁收益一般大于借款成本支出，租赁公司借款购物出租可获得财务杠杆利益，故被称为杠杆租赁。

2. 杠杆租赁条件

（1）具备基础融资租赁的各项条件。

（2）租赁公司必须在租期开始和租赁有效期间持有至少 20% 的有风险的最低投资额。

（3）租赁期满租赁物的残值必须相当于原设备有效寿命的 20% ，或至少尚能使用一年。

（4）矿山企业行使合同规定的购买选择权时，价格不得低于这项资产当时的公平市场价格。

杠杆租赁的做法类似银团贷款，主要是由一家租赁公司牵头作为主干公司，为一个超大型的租赁项目融资。首先成立一个脱离租赁公司主体的操作机构—专为本项目成立资金管理公司垫付出项目总金额 20% 以上的资金，其余部分资金来源主要是吸收银行和社会闲散游资，利用 100% 享受低税的好处，"以小博大"的杠杠方式，为租赁项目取得巨额资金，其余做法与融资租赁基本相同，只不过合同的复杂程度因涉及面广而随之增大。由于杠杆租赁具有可享受税收好处、操作规范、综合效益好、租金回收安全和费用低等优点，因此，杠杆租赁一般被用于金额巨大的物品，如大型成套矿山装备等方面的融资租赁。

3. 杠杆租赁业务程序

（1）租赁公司与矿山企业签订"融资租赁合同"。

（2）租赁公司向金融机构申请长期贷款，通常贷款金额达到租赁物价格的 60%~80% 。此贷款可以以租赁物抵押或以租金支付转让作为担保，或两者兼有。

（3）租赁公司使用自有资金和贷款资金，向设备厂商购买矿山装备，其中一部分租金被称为杠杆。

（4）租赁公司将矿山装备交付给矿山企业，矿山企业定期支付租金，租赁公司定期向金融机构归还利息。杠杆租赁的业务流程如图 3-5 所示。

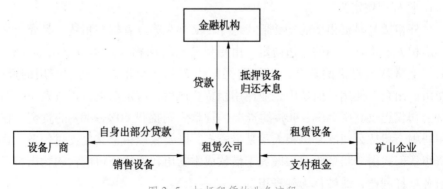

图 3-5　杠杆租赁的业务流程

3.2.5 矿山装备联合租赁模式

1. 联合租赁定义

联合租赁是指在融资租赁业务中，一方当事人由两个或两个以上的主体构成。在目前的实务操作中，比较常见的形式有两种：一种是联合出租人租赁模式，另一种是联合承租人租赁模式。

"联合出租人租赁模式"是指：多家有融资租赁资质的租赁公司对同一个融资租赁项目提供租赁融资，作为共同出租人共同与一个承租人签订"融资租赁协议"，提供融资租赁服务，并由其中一家租赁公司作为牵头人，各家租赁公司按照各自所提供的租赁融资额的比例承担该融资租赁项目的风险，享有该融资租赁项目的收益。

"联合承租人租赁模式"是指：有两个或两个以上承租人共同就一个融资租赁项目向出租人进行承租的融资租赁业务模式。目前暂无相关的法律法规或规范性文件对这种两个承租人共同进行承租的融资租赁模式进行界定，这种模式也被称作"共同租赁"。该模式下，两个承租人共同与出租人签订融资租赁合同，其中一个承租人或两个承租人共同承担租金支付义务，租赁物实际仅由两个承租人中的一个使用或由两个承租人共同使用，两个共同承租人之间通常具有关联关系。

在矿山装备联合租赁模式中，联合出租人模式较为常见，具体表现为矿山企业（承租人）选择不同的设备厂商（供货人）的矿山装备，由租赁公司（出租人）购买并开展租赁业务。由于矿山装备租赁的行业特殊性，联合承租人模式的情况基本不会出现。

2. 联合租赁业务流程

（1）矿山企业选定不同的设备厂商的矿山装备。

（2）租赁公司与设备厂商签订"采购合同"。

（3）租赁公司与矿山企业签订"融资租赁合同"，双方进行融资，矿山企业支付货款，租赁公司交货并提供售后服务。

联合租赁模式业务流程如图3-6所示。

3.2.6 矿山装备委托租赁模式

1. 委托租赁定义

委托租赁是金融租赁的一种形式。在矿山企业的生产运营过程中，矿山企业通过将多余闲置的矿山装备进行出租，并获取一定收益。在这种方式下，拥有多余闲置矿山装备的矿山企业委托租赁公司代为其寻找承租人，而后由出租人、承租人与租赁公司一起签订租赁合同。在委托租赁中，融资租赁机构不垫资，也不

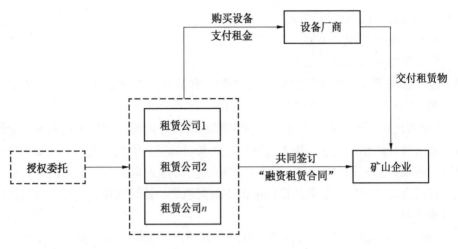

图 3-6　联合租赁模式业务流程

拥有租赁物件的所有权，而仅按照出租人（拥有多余闲置矿山装备的矿山企业）的要求代为办理租赁，收取经双方商定的委托费和装备租赁费。

2. 委托租赁流程

（1）租赁公司以受托人的身份接受矿山企业（委托人）的委托资金，与矿山企业签订"委托租赁资金协议"，并接受委托资金。

（2）矿山企业根据"租赁合同"的约定向融资租赁公司支付租金。

（3）租赁公司根据"资金协议"的约定从租金收入中扣除手续费及代扣代缴的营业税后，将剩余所有租金返还矿山企业。委托租赁业务流程如图 3-7 所示。

图 3-7　委托租赁业务流程

3.2.7　矿山装备转租赁模式

1. 转租赁定义

转租赁是指以同一物件为标的物的多次融资租赁业务。在矿山企业生产中，会出现部分企业需要将闲置矿山装备通过租赁公司出租转让的情况，通常就会采用转租赁业务。在转租赁业务中，上一租赁合同的承租人同时又是下一租赁合同的出租人，称为转租人。转租人从其他的出租人处租入租赁物件再转租给第三人，转租人以收取租金差价为目的。租赁物品的所有权归第一出租人。在转租赁业务中，矿山企业（持有方）为第一出租人，租赁公司为转租人，矿山企业（承租方）为最终承租人。第一出租人与第一承租人，第二出租人与最终承租人之间分别签订相应租赁合同，分别行使独立的出租人和承租人的租赁权利。转租人（第二出租人）以收取两者租金差为目的。普通的转租赁一般由两份租赁合同组成。

2. 转租赁业务流程

（1）矿山企业（承租方）与租赁公司签订"融资租赁合同"。

（2）租赁公司按照矿山企业（承租方）的矿山装备采购要求，与矿山企业（持有方）签订"租赁合同"。

（3）第一承租人再以最终出租人的身份将设备出租给最终承租人使用，并签订"转租赁合同"。

（4）矿山企业（承租方）向租赁公司支付租金，租赁公司向矿山企业（持有方）支付租金。

转租赁的基本业务流程如图 3-8 所示。

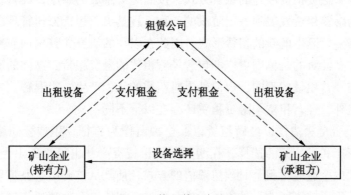

图 3-8 转租赁业务流程

3.3 矿山装备经营租赁与融资租赁的区别

租赁会计准则规定，租赁公司需要在租赁开始日确定某项资产是经营租赁或融资租赁。从租赁公司角度，租赁是租赁公司在一定时期内转移意向物（财产）的使用和收益的权利，以获得相应租金收入的行为；而从矿山企业角度，租赁是矿山企业以支付租金为代价，以获得在一定时期内对一项物的使用和收益的权利的行为。租赁交易必须以物为载体，即租赁公司只有将物件让渡给矿山企业，租赁交易才能成立。在租赁会计准则中，租赁被分为经营租赁与融资租赁，在以往的研究中多从融资租赁的角度进行分析，分析融资租赁对于企业融资的作用或是各种因素对于企业是否采用融资租赁的影响。现实中，经营租赁由于其合同利率更高等因素，使用频率相对较低，使得研究领域对经营租赁的研究更少。

在融资租赁诞生前的租赁（即传统租赁）是存在于租赁公司与矿山企业之间，租赁公司将自有资产或根据市场需求购置的资产不断出租给矿山企业以获得相应租金收益的租赁类型，其交易主体只涉及租赁公司与矿山企业两个主体。而融资租赁是租赁公司对矿山企业所选定的矿山装备进行的以融资为目的的购买，然后再以收取租金为条件，将该矿山装备中长期地出租给矿山企业使用。而在后续随着租赁市场的逐步发展，租赁发展过程中出现了对租赁公司管理租赁资产残值风险的需要，从而诞生租赁资产期末处置形式的多样性，租赁公司的盈利方式也由原来的单一租金收益转变为租金收益及处置期末租赁资产的资产溢价，即产生了经营性租赁。

有关经营租赁与融资租赁的划分定义很多，按照会计准则的定义，融资租赁是指实质上转移了与租赁资产所有权有关的几乎全部风险和报酬的租赁，而经营租赁是指除了融资租赁以外的租赁方式。按照历史发展的顺序，经营租赁是以融资为目的的融资租赁发展到一定阶段的产物，且是出于租赁公司管理租赁资产残值风险的需要而诞生的新的租赁形式，因此在以往的研究尤其国内研究中，大部分的研究更多针对的是范围更广即包含经营租赁的融资租赁，这样的研究抹杀了融资租赁与经营租赁的不同，也使外界对租赁的认识产生一定误解。

除此之外，经营租赁与融资租赁还存在以下不同：

（1）是否全额清偿。经营租赁以非全额清偿为特征，租赁公司根据矿山企业对租赁资产和供货商的选择，在购买了该租赁资产并出租给矿山企业使用时，通过计算矿山企业应付租金时预留残值的方式，使其从该矿山企业那里收回的租金，小于其租赁投资额的一种租赁安排。而融资租赁以全额清偿为典型特征，租赁公司为矿山企业购买租赁设备所垫付的资金，要从选定设备的矿山企业那里通过租赁的方式全部收回，且矿山企业所支付的租金不仅包括相当于本金性质的租赁公司的垫付资金，还要包括租赁公司垫付资金所应承担的融资成本和费用成本，以及租赁公司应该获得的合理的投资回报。

因此从形式上看，融资租赁更多表现出债权融资的特征，甚至只是换了名称的抵押贷款形式。在实际操作中，融资租赁存在大量售后回租，矿山企业将自有资产出售给租赁公司并租回使用，虽然在合同签订之前，租赁公司对矿山企业的信用资质、资产规模等状况进行审查，并要求矿山企业出具一定的担保、抵押，但在现实中矿山企业违约后，租赁公司依然难以取走租赁物，惩戒制度难以施行，现实案例显示租赁公司甚至主动为矿山企业展期或帮助矿山企业寻找贷款帮助。而经营租赁中，租赁公司拥有了矿山装备的全部所有权（包括法律所有权与经济所有权），企业破产时具有优先索赔权，其权益得到更有效的保障，租赁合同期限较短，租赁合同更灵活，相对融资租赁能够有效收回租赁资产，其实质上更近似于租赁公司将自有资产出租，租期结束后进行收回。

（2）是否进入财务报表。在租赁会计准则没有修订之前，经营租赁与融资租赁最显著的区别特征之一是经营租赁未进入矿山企业财务报表，而融资租赁进入矿山企业财务报表并确认资产和负债。在财务报表中，融资租赁体现在资产负债表中，而经营租赁往往被安置在财务报表之外，以财务报表附注的形式进行体现，但因此，经营租赁更具有表外融资的特点。也正是由于上述特点，租赁对于去杠杆、降低账面负债要求更高的国有企业更为重要。

（3）租赁期限。通常经营租赁合同期限较短，合同条款更为灵活，在合同期限内，租赁公司对矿山企业提供更全方位的服务，但也正是如此，经营租赁租金更高。而矿山装备的融资租赁通常合同期较长，矿山装备主要以矿山装备为主，而装备的法定折旧年限都在 1 年以上，所以融资租赁的交易期限也会延长。

（4）租赁期内矿山装备维修、保养的责任方不同。经营租赁由租赁公司负责，而融资租赁由矿山企业负责。

（5）租赁期满后设备处置方法不同。经营租赁期满后，承租资产由租赁公司收回，而融资租赁期满后，企业可以很少的"名义货价"（相当于设备残值的市场售价）留购。

第2篇　矿山装备租赁专业化服务与业务模式研究

矿山装备租赁专业化服务概述

4.1 矿山装备租赁专业化服务概念

4.1.1 矿山装备租赁专业化服务内涵

专业是在科学和分工的理念之下产生的结果，专业化是指个人或者团队在某一固定阶段，经过一定方法和途径使自身专业或者指标达到从事专业领域要求高度的过程。专业化服务指的是组织或个人，按照服务对象的需求和服务标准，利用其掌握的某领域的专业知识和技能，为服务对象提供高效率、高品质的特殊服务。专业化服务具有以下特征：

（1）属于专业知识和科技含量高的服务。

（2）由用于专门知识的专业人才或组织应用专业知识为某些特殊群体提供某领域的特殊化服务。

（3）以专业的方式高效率提供的针对性、不可替代性的高品质服务。

（4）服务专业化过程中可以将专业化服务人才、组织、行业集聚发展为一个专业化服务链，到达更高层次的专业化服务形态。

（5）提供专业化服务的能力和水平能够成为专业化组织和个人的核心竞争力。

从总体上讲，所谓专业化服务，是指某个组织或个人，应用某些方面的专业知识和专门知识，按照客户的需要和要求，为客户在某一领域内提供的专项特殊服务，其知识含量和科技含量都很高，是已经获得和将要继续获得巨大发展的行业。

矿山装备租赁的专业化服务，则是指矿山装备融资租赁服务公司或平台，应用矿山装备的特殊性以及租赁服务的多样性等专业知识，按照矿山企业的需求，为矿山企业提供使用装备的租赁业务的一种服务。矿山装备租赁专业化服务是一种新型的矿山装备租赁行业的服务，融合了融资租赁行业和矿山装备行业的特色，以新一代互联网物联网技术为主要支撑，以共享经济与数字化经济为载体，其目的在于使矿山企业通过融资租赁的方式及时获得生产所需的矿山装备的租赁业务，能够推动行业一站式专业化服务以及矿山装备全生命周期管理能力。

4.1.2 矿山装备租赁专业化服务可行性

1. 政策可行性

矿山装备租赁专业化服务的发展离不开稳定的政策支持。2015 年，国务院办公厅印发《关于加快融资租赁业发展的指导意见》。《意见》指出，"加快重点领域融资租赁发展，鼓励融资租赁公司在飞机、船舶、工程机械等传统领域做大做强，积极拓展新一代信息技术、高端装备制造、新能源、节能环保和生物等战略性新兴产业市场"，"鼓励工程机械及其他大型成套设备制造企业采用融资租赁方式开拓国际市场，发展跨境租赁"。《中华人民共和国国民经济和社会发展第十四个五年规划和 2035 年远景目标纲要》明确提出，"要以服务制造业高质量发展为导向，推动生产性服务业向专业化和价值链高端延伸"。党的二十大报告提出，"构建优质高效的服务业新体系，推动现代服务业同先进制造业深度融合"，为进一步提升服务业水平，推进我国现代服务业高质量发展指明了方向和道路。

各种政策的出台，推动制造业与先进服务业深度融合成为制造业和服务业转型升级的重要支撑，使得传统服务行业改造升级。矿山装备租赁服务作为服务业的一环，应按照国家政策支持，加快向专业化转型，着力提高服务效率和服务品质。

2. 市场需求可行性

《中国制造 2025》重点强调了"支持重点领域大型制造业企业集团开展产融结合试点，通过融资租赁方式促进制造业转型升级"。近年来，随着我国能源消费结构不断改善、能源供应保障能力不断增强，主要矿产品产量继续保持增长，矿山行业创造巨大社会财富，大型现代化矿山占比大幅增加，矿山装备更新迭代速度加快，对矿山装备的需求量也在日益增长，矿山装备租赁服务市场潜力巨大，市场前景良好。

从发达国家经验和我国服务业发展的历程看，服务专业化是现代服务业的最主要的发展方向。专业化服务不仅能够准确了解客户的需求，创造经济价值，更有利于推动服务行业优化升级，促进服务行业有序发展，服务业的专业化程度甚至决定了企业的长期可持续发展水平。随着"互联网+"的迅猛发展和服务对象需求的升级，传统的租赁行业的粗放式管理已不能适应目前的市场需求，租赁逐渐向专业化转型特别是对于矿山装备租赁行业来说，服务专业化是必然趋势。每个矿山企业对矿山装备的要求不尽相同，且每个矿山企业自身的经济水平、盈利状况、也不尽相同，矿山装备租赁服务专业化和个性化的趋势越来越明显，将进一步扩大市场需求，使得矿山装备租赁业务向着细分化、深入化、极致化的专业化方向发展。

3. 技术可行性

矿山装备品种繁多，且随着矿山行业的智能化发展，矿山装备更新换代速度越来越快。对于矿山企业来说，若通过购买的方式来获取矿山装备，不仅需要存储大量装备的备件，而且给装备后续维修、保养搬家倒面等装备管理增加了很大负担，使得矿山装备在购买时和使用时的成本高增，这是目前矿山企业开展装备租赁主要解决的痛点之一。

2021 年 12 月，工业和信息化部正式印发了《"十四五"信息化和工业化深度融合发展规划》，要求信息化与工业化必须深度发展、大力融合。习近平总书记指出，"信息化为中华民族带来了千载难逢的历史机遇，多次要求做好信息化和工业化深度融合这篇大文章"。信息化技术在矿山装备租赁服务中得到广泛运用。信息化技术一方面能够提升矿山装备租赁服务内容的透明化与公开化，另一方面也能够为矿山装备租赁服务提供翔实的数据以及资料作为租赁的凭证与支撑。在信息化的基础上，互联网技术、物联网技术、大数据分析技术、云计算技术、数字化智能运维技术等全面发展，为矿山装备专业化服务提供了强有力的技术支撑。

矿山装备租赁专业化服务通过以上技术支撑，不仅能够帮助矿山企业完成租赁业务模式的选择，而且能够帮助矿山企业在矿山装备使用过程中，完成矿山装备全生命周期管理，包括矿山装备选型配套、标准使用培训、备品备件、故障诊断、智能运维、预判性维修保养、装备再制造、搬家倒面、报废。矿山企业仅需少量的启动资金便可获得矿山装备的使用权，仅需付服务费即可解决整个矿山装备租赁过程中可能遇到的问题，显著降低了矿山企业的经营成本与管理成本，切实解决矿山企业"怕贵不敢买、怕坏不敢用、怕修不敢租"的问题。

4.1.3　矿山装备租赁专业化服务的意义

（1）矿山企业的发展程度有所不同，各企业的智能化程度也有所不同，矿山装备进行更新迭代速度快，矿山企业能够通过专业化服务将旧装备进行托管、出租或再制造，从而提高矿山装备的使用率，不仅能够解决旧装备维护、保养与管理的问题，而且能够出租闲置矿山装备来赚取额外的租金，节约资源，满足绿色矿山发展理念。

（2）在传统的矿山装备租赁模式中，矿山企业（承租人）与矿山装备生产企业（出租人）信息闭塞，交流不通畅、不及时。专业化服务依托装备服务平台作为双方沟通"桥梁"来进行交流，打破信息孤岛，使得承租人能及时找到所需的矿山装备，确保矿山企业正常运转；出租人能及时将闲置设备及时出租利用，不需要额外的管理费，在保障双方的经济效益的同时，能够有效节约出租人与承租人的时间成本。

（3）矿山装备租赁专业化服务具有多种出租方式，承租人能够利用包括经营性租赁与融资租赁等多种经营方式展开煤矿装备的租赁，有利于面向不同经济水平的出租人而进行不同的租赁业务，实现双方共同获益。

（4）矿山装备出租过程中，承租人自身不需具有一系列的专业知识，而是通过出租人提供的专业化服务，对矿山装备按时完成检修、维护、搬家等服务。承租人只需要出相应的服务费，便可以保障矿山装备的全生命周期管理，方便了承租人对矿山装备的管理。

4.2 矿山装备租赁专业化服务形势分析

4.2.1 矿山装备租赁专业化服务发展现状

随着互联网的发展与"中国制造2025"的不断推进，共享经济模式逐渐在各个领域蔓延，煤矿装备行业也位列其中。基于互联网技术与物联网技术，煤矿装备租赁可以通过在线平台实现更便捷的设备租赁，满足企业的即时需求。在此背景下，煤矿装备租赁业服务逐渐向产业化、专业化快速发展，不仅是各煤矿或煤科院旗下设立子公司进行煤矿的装备租赁，如中煤科工金融租赁股份有限公司、中国煤矿机械装备有限责任公司、郑州煤矿机械集团股份有限公司、国家能源投资集团有限责任公司等，更是涌现出一批将煤矿装备租赁进行专业化融合的平台，如中煤科工西安研究院研发的"罗克e租"平台、神南产业发展有限公司的"煤亮子"平台、国家能源集团的"国能e链"等。这些公司或平台以提供优质服务为基础，承揽多个煤炭集团专业性服务任务，可同时完成单一或成套设备租赁、闲置设备托管、设备再制造、托管运营、设备配套、设备数字化全生命周期管理运维、倒面搬家等服务，同时能够为矿山企业提供方案筹划、金融支持，提供设备运维、配件供应、技术支持。

通过矿山装备租赁专业化服务，能够使得矿山企业与矿山装备制造商的合作互补，装备出租与维修消息能够及时传递，租赁客户群成几何倍数递增，与矿山装备制造企业合作形成厂商租赁或融资租赁，是矿山装备专业化服务的发展趋势。总体来说，我国矿山装备租赁专业化服务处于发展初期，未来发展潜力巨大。

4.2.2 矿山装备租赁专业化服务市场现状

以煤矿装备租赁为例。中国煤矿设备租赁市场，按产品类型主要分为液压支架、掘进机、采煤机、刮板输送机、其他设备五部分。从煤矿设备租赁整体市场规模来看，2021 年液压支架租赁的市场规模达到 959.1 百万元，2022 年达到 10.99 亿元；掘进机租赁的市场规模 2021 年达到 507.8 百万元，2022 年达到 574.2 百万元；采煤机租赁的市场规模 2021 年达到 463.7 百万元，2022 年达到 518.9 百万元；刮板输送机租赁的市场规模 2021 年达到 282.3 百万元，2022 年达到 322.7 百万元；其他设备租赁的市场规模 2021 年达到 353.5 百万元，2022 年达到 401.6 百万元。2021 年液压支架的租赁市场份额约占全国的 37.37%，掘进机租赁市场份额约占 19.79%，采煤机租赁市场份额约占全国的 18.07%，刮板输送机租赁市场份额约占全国的 11.00%，其他设备租赁市场份额约占全国的 13.77%。

从中国煤矿设备租赁整体市场规模来看（表 4-1），预计 2024 年液压支架租赁的市场规模将达到 18.5 亿元，2028 年 43.0 亿元；掘进机租赁的市场规模，预计 2024 年达到 981.4 百万元，2028 年 21.2 亿元；采煤机租赁的市场规模预计 2024 年达到 879.0 百万元，2028 年 19.8 亿元；刮板输送机租赁的市场规模预计 2024 年达到 515.3 百万元，2028 年 10.43 亿元；其他设备租赁的市场规模预计 2024 年达到 667.2 百万元，2028 年 13.5 亿元。

表 4-1　中国煤矿设备租赁整体市场规模　　　　　　　　　　百万元

产品类型	2023 年	2024 年	2025 年	2026 年	2027 年	2028 年
液压支架	1341.3	1849.3	2292.4	2779.6	3706.6	4294.9
掘进机	696.6	981.4	1277.6	1506.3	1844.5	2124.1
采煤机	612.0	879.0	1121.8	1331.0	1690.4	1979.3
刮板输送机	403.9	515.3	650.4	745.9	894.0	1042.9
其他	478.0	667.2	826.4	961.8	1173.9	1344.9
合计	3531.8	4892.2	6168.6	7324.6	9308.8	10786.1

由表 4-2 可知，2028 年液压支架的租赁市场份额约占全国 39.82%，掘进机租赁市场份额约占 19.69%，采煤机租赁市场份额约占 18.35%，刮板输送机租赁市场份额约占 9.67%，其他设备租赁市场份额约占全国 12.47%。随着我国煤炭产业结构的调整，煤炭产业集中度的持续提升也将带动高端煤机装备的持续增长。在行业集中度不断提升的大背景下，煤矿设备租赁行业集中度也将持续增长。

表4-2　中国煤矿设备租赁市场预测规模　　　　　　　　　%

产品类型	2023 年	2024 年	2025 年	2026 年	2027 年	2028 年
液压支架	37.98	37.80	37.16	37.96	39.82	39.82
掘进机	19.72	20.06	20.71	20.56	19.81	19.69
采煤机	17.33	17.97	18.19	18.17	18.16	18.35
刮板输送机	11.44	10.53	10.54	10.18	9.60	9.67
其他	13.53	13.64	13.40	13.13	12.61	12.47
合计	100.0	100.0	100.0	100.0	100.0	100.0

4.2.3　矿山装备租赁专业化服务发展目标

国务院于 2022 年 1 月 12 日发布了《"十四五"数字经济发展规划》（以下简称《规划》），《规划》指出，数字经济是继农业经济、工业经济之后的主要经济形态，是以数据资源为关键要素，以现代信息网络为主要载体，以信息通信技术融合应用、全要素数字化转型为重要推动力，促进公平与效率更加统一的新经济形态，我国数字经济转向深化应用、规范发展、普惠共享的新阶段。矿山装备租赁专业化服务为数字经济重要的一环，将秉承创新、协调、绿色、开放、共享的新发展理念，有效推进数字产业化和产业数字化取得积极成效，获得最新进展。矿山装备租赁专业化服务将以习近平新时代中国特色社会主义思想为指导，以国家能源战略为导向，践行党的二十大精神，落实"全面提高资源利用效率"战略，借助矿山装备技术和水平的持续提高，实现矿山装备的节约集约高效利用，提高闲置装备利用率；专业化服务应赋能双碳，依托数字化技术与信息化技术构建一站式专业化矿山装备服务平台，使得矿山装备租赁专业化服务保障更加安全有力，闲置装备利用与装备再制造效率大幅提高，创新发展能力显著增强，普遍服务水平持续提升，共同推动矿山行业低碳转型，构建兼容开放的矿山装备生态圈，打造矿山装备交易新模式、新时代，推动矿山装备实现产业升级，保持矿山行业增长活力。

煤矿综采装备选型配套服务业务模式

综采装备的选型和配套直接关系到综采设备的稳定性和可靠性，影响工作面年产目标的顺利实现。工作面"三机"选型包括液压支架、采煤机和刮板输送机的选型。其中，液压支架的选型是核心，采煤机和刮板输送机的选型则是工作面生产能力的保证。合理地选择综采装备，不仅能够保证工作面的生产能力，而且能大大提高综采设备技术水平。液压支架、采煤机、刮板输送机等主要装备的设计选型，是矿井安全高效生产的关键。

5.1　综采装备选型配套依据

（1）《煤炭工业设计规范》（GB 50215—2015）。

（2）《煤矿建设项目安全审核基本要求》（AQ 1049—2018）。

（3）《煤矿安全规程》（中华人民共和国应急管理部令第 8 号）。

（4）《煤矿科技术语　第 3 部分：地下开采》（GB/T 15663.3—2008）。

（5）《煤矿科技术语　第 10 部分：采掘机械》（GB/T 15663.10—2008）。

（6）《液压支架型式、参数及型号编制》（GB/T 24506—2009）。

（7）《煤矿用液压支架　第 1 部分：通用技术条件》（GB 25974.1—2010）。

（8）《煤炭工业矿井监测监控系统装备配置标准》（GB 50581—2020）。

（9）《煤矿井下消防、洒水设计规范》（GB 50383—2016）。

（10）《煤矿综采采区设计规范》（GB 50536—2009）。

（11）《滚筒采煤机型式检验规范》（MT/T 81—1998）。

（12）《滚筒采煤机出厂检验规范》（MT/T 82—1998）。

（13）《滚筒采煤机型式和基本参数》（MT/T 84—2007）。

（14）《刮板输送机通用技术条件》（MT/T 105—2006）。

（15）《顺槽用刮板转载机通用技术条件》（MT/T 106—1996）。

（16）《顺槽用破碎机》（MT/T 493—2002）。

（17）《液压支架设计规范》（MT/T 556—1996）。

（18）《煤矿井下用伸缩带式输送机》（MT/T 901—2000）。

（19）《滚筒采煤机大修规范·第 1 部分：总则和整机》（MT/T 1003.1—2006）。

（20）《滚筒采煤机大修规范 第 2 部分：机械》（MT/T 1003.2—2006）。

（21）《矿井降温技术规范》（MI/T 1136—2011）。

（22）《煤矿采掘工作面高压喷雾降尘技术规范》（AQ 1021—2006）。

（23）《煤矿作业场所职业病危害防治规定》（国家安全生产监督管理总局令第 73 号）。

5.2 综采装备选型配套原则

5.2.1 综采装备选型原则

1. 采煤机选型原则

在进行采煤机的选型时要结合煤层的厚度、倾角、硬度、地质构造和顶底板岩性等基本条件，另外还要结合采煤方法、技术经济效果、工艺要求和配套设备的要求等各项因素。采煤机选型应遵循以下原则：

（1）技术先进，性能稳定，操作简单，维修方便，运行可靠，生产能力大。

（2）各部件相互适应，能力匹配，运输畅通，不出现"卡脖子"现象。

（3）与煤层赋存条件相适应，与矿井规模和工作面生产能力相适应，能实现经济效益最大化。

（4）系统简单、环节少，总装机功率大，机面高度低，过煤空间大，有效截深大。

（5）具有实时在线监测、自动记忆截割、远程干预控制等功能。

2. 液压支架选型原则

影响液压支架选型的主要因素有顶板和底板岩性、煤层可采高度、煤层倾角、煤层瓦斯含量等。液压支架选型应遵循以下原则：

（1）支护强度与工作面矿压相适应。

（2）支架的结构、类型与煤层赋存条件相适应。

（3）与底板的比压和抗拉强度相适应。

（4）与工作面通风要求相适应。

（5）操作简单、方便，动作循环时间短；配套电液控制技术，能够实现快速移架。

（6）自动化控制系统技术先进。

3. 刮板输送机选型原则

刮板输送机通常按照煤层的赋存条件、采煤工艺方法和采煤机械的匹配、转载机的匹配以及液压支架的匹配原则进行选取。刮板输送机选型应遵循以下原则：

（1）刮板输送机应满足与采煤机、液压支架的配套要求。

（2）刮板输送机输送能力应大于采煤机生产能力。

（3）刮板输送机铺设长度应满足工作面回采要求。

（4）刮板输送机应具有自动张紧功能。

（5）应尽量选用与在用设备型号相同的设备，降低矿井生产成本，便于日常维修和配件管理。

5.2.2 综采装备配套原则

综采装备配套主要包括采煤机、液压支架、刮板输送机之间的配套工作。综采装备配套是选择采煤工艺和设计采区的重要依据，也是单机设计的重要依据，其目的是使采煤工艺和设备之间相互适应。但是由于工作面地质条件复杂多变，以及综采装备种类繁多，导致配套工作量巨大，具体的配套方案需根据煤层和地质条件来确定。综采装备的配套原则包括生产能力配套、几何关系配套、性能配套、寿命配套、信息互通配套五方面。

1. 生产能力配套

采煤机落煤能力、刮板机输送机运输能力、液压支架支护能力之间存在一定的制约关系，采煤机的落煤能力决定着综采工作面的生产能力，并且采煤机的落煤能力不能大于刮板输送机和液压支架的生产能力。设备的选型需根据具体的工作面产量来确定。

1）工作面生产能力

工作面每小时生产能力计算公式为：

$$Q_h = \frac{Q_d K}{(S-R) h k} \tag{5-1}$$

式中 Q_h——工作面生产能力，t/h；

      Q_d——工作面日生产能力，t/d；

      K——生产分布系数，取 1.1～1.3；

      S——日作业班数；

      R——日检修班数；

      h——日工作时数；

      k——时间利用系数，一般取 0.2～0.3。

2）采煤机生产能力

采煤机生产能力计算公式为：

$$Q_c = 60V_1 HB\gamma \tag{5-2}$$

式中　Q_c——采煤机的设计生产能力，t/h；

V_1——采煤机平均割煤速度，m/min；

H——平均采高，m；

B——采煤机截深，m；

γ——煤的视密度，t/m^3。

同时应满足 $1.5Q_h \geqslant Q_c \geqslant 1.3Q_h$。

随着我国煤矿开采深度下延，由于浅部煤层采煤机截深较大，进入深部开采若使用大截深采煤机，截割过程中易对煤壁和顶板造成破坏，引发片帮冒顶事故，为了减少片帮情况的发生，要求尽量选用浅截深采煤机，以减小滚筒截割深度对煤壁以及顶板的影响。根据相关煤层开采经验，采煤机滚筒截深可选用 0.6～0.8 m。因此，深部煤层开采采煤机生产能力计算公式为：

$$Q_c = (36 \sim 48)V_1 HB\gamma \tag{5-3}$$

3）刮板输送机生产能力

刮板输送机生产能力计算公式：

$$Q_s = 3600F\psi\gamma V_2 \tag{5-4}$$

式中　Q_s——刮板输送机生产能力，t/h；

F——刮板机中部槽横截面积，m^2；

ψ——刮板机装载系数，取 0.65～0.9；

γ——煤的容重，1.40 t/m^3；

V_2——刮板输送机运行速度，m/min。

同时需满足 $1.5Q_c \geqslant Q_c \geqslant 1.3Q_c$。

为了避免煤壁片帮引起的刮板输送机压车情况，要求选用窄中部槽的刮板输送机，根据相关煤层开采经验，对于深部开采刮板输送机中部槽宽度可选用 800～900 mm。

2. 几何关系配套

综采装备尺寸关系反映了各设备间的尺寸及位置关系，综采装备的空间关系是采煤机骑在刮板输送机上，液压支架以刮板输送机为支点进行移动。其中需要注意的是人行通道空间、过机空间、过煤高度、空顶距、铲间距、采煤机行走部与刮板输送机牵引销轨之间的配合关系、采煤机在刮板输送机上行走的间隙。其几何关系配套如图 5-1 所示。

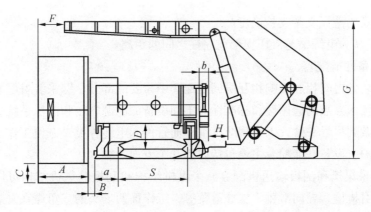

图 5-1 综采"三机"几何关系配套

采煤机导向滑靴放在刮板输送机销轨上，支撑滑靴放在刮板输送机铲煤板上，采煤机与刮板输送机之间存在几个重要配套尺寸。

（1）A 为截深（mm），采煤机截割滚筒的切割深度，深部开采要求采煤机截深要浅。深部开采截深太大容易造成顶板和煤壁稳定性差，易出现片帮掉顶等事故。

（2）B 为铲间距（mm），目的是刮板输送机弯曲时预防截割滚筒割到铲煤板；铲间距太小截割滚筒会切割到铲煤板，铲间距太大会影响装煤效果。一般铲间距计算公式如下：

$$B = \tan\beta \times l + \rho \tag{5-5}$$

式中 β——刮板输送机水平弯曲角度，一般为 1.5°；

l——刮板输送机销轨啮合点到截割滚筒的直线距离；

ρ——安全余量，一般取 50 mm。

（3）C 为工作时采煤机截割滚筒最大挖底量，为了防止工作过程中出现飘溜和保证采煤机正常工作而留的余量。

（4）D 为过煤高度，中部槽中间板与采煤机底部之间的距离。若过煤高度较小，发生片帮时会损坏刮板输送机，过煤高度一般应不小于 200~400 mm。

（5）S 为刮板机中部槽内宽（mm），为了避免深部开采容易片帮掉顶造成压车，要求刮板输送机选用窄中部槽，可选用 800~900 mm 的中部槽，同时要求刮板输送机功率要大，尽可能避免压车情况出现。

（6）a 为刮板机铲煤板宽度，由滑靴型号决定。

（7）b 为电缆槽宽度，由煤机电缆夹决定。

（8）F 为空顶距，防止截割滚筒截割时割到液压支架。

（9）G 为液压支架支护高度。

（10）H 为电缆槽与液压支架前立柱之间的距离。

3. 设备性能配套

综采装备之间相互影响相互协调是配套中重要的部分，综采装备配套时需要注意设备技术参数的通用性和标准性。不同设备的电源电压和液压系统的压力在配套时应做到尽量一致，以实现减少工作面管件和电缆种类，方便工作面设备的管理和维护。设备性能配套主要包括以下几个方面内容：

（1）采煤机和刮板输送机配套。采煤机结构和刮板输送机结构可以相互配合，如牵引机构、导向滑靴、支撑滑靴等，工作面两端头的三角煤在采煤机骑在刮板输送机上后应当被割透。

（2）液压支架和刮板输送机配套。液压支架中心距应当和刮板输送机中部槽长度相等，刮板输送机中部槽要能与液压支架正常连接。

（3）采煤机和液压支架配套。

①采煤机采高范围与液压支架支护范围相一致；

②液压支架移架速度要略大于采煤机牵引速度；

③采煤机截深与支架移架步距相匹配。

4. 寿命关系配套

综采工作面设备配套是一个复杂的系统工作，每种设备的正常运行才能保证工作面正常工作。设备寿命配套指的是综采工作面各主要设备的大修周期应相同或相近。综采工作面生产过程中设备交替进行大修以及设备带有故障运行，会使综采工作面设备开机率降低从而导致产煤量降低。为了使液压支架、刮板输送机、采煤机大修周期相近或相同，并且提高设备运行的可靠性，需要一个统一的标准来衡量设备寿命。但是目前国内还没有针对"三机"寿命配套的标准。根据国内制造业水平和工作面生产水平，可以用立柱升降次数评价液压支架使用寿命，用连续割煤长度和割煤量评价采煤机使用寿命，用过煤量评价刮板输送机使用寿命。"三机"寿命配套是为了延长设备运行时间，增加工作面产煤量。

采煤机作为综采装备中重要的设备，保证采煤机连续有效地运行才能保证工作面产量，延长工作面生产时间。根据井下工人反馈，采煤机在运行过程中时常发生导向滑靴和支撑滑靴失效的情况。导向滑靴会出现磨损严重和中部板及导钩断裂的情况，更换一个导向滑靴需要 6~7 个小时，导向滑靴无法更换时需要将整个行走部进行更换。据统计，采煤机俯采时平均 3 个圆班需要更换一次，严重时每个圆班需要更换一次；支撑滑靴会出现磨损严重和销孔耳板断裂的情况。导向滑靴和支撑滑靴频繁失效严重影响采煤机寿命和工作面产量，因此采煤机导向滑靴和支撑滑靴的可靠性十分重要，需要特别关注。

5. 信息互通配套

由于矿山装备各生产制造商通信协议可能存在不一致的情况，导致矿山企业使用的装备信息架构十分复杂，综采成套装备的数据的互通存在标准不一、信息协议多样的鸿沟，使得综采成套装备的互联度不够高、信息互通性不够强、人机交互性不够好，进而影响对采煤工作面的实时监控，难以实现装备高效协同管控。

随着煤矿智能化的发展与智能煤矿建设的深入，支撑智慧煤矿建设的装备研制也不断与新一代信息技术深度融合。为满足《智能化示范煤矿验收评分方法》信息基础设施与综采系统评分相关指标，实现综采装备智能化协同控制，对于配套综采装备时，应基于网络系统和数据中心，打通装备数据传输和利用通道，确保装备的信息互通，包括装备信息协议互通、网络互通、装备互联、装备接入云端、装备接入数据库等，采用行业统一的数据交换标准规范协议，满足为煤矿主要业务系统提供数据服务的要求，以便与煤矿综合管控平台实现智能联动，对配套的综采装备进行协同管理，完成井工煤矿智能化验收。

5.3 综采装备选型配套流程

5.3.1 选型流程

在进行设备选型时，必须保证设备之间的性能和机能参数互相协调、工作面的空间长度和互相连接部分的方式、强度互相匹配。采煤机的落煤能力决定了设备的生产能力，刮板输送机的结构及其附件需要与采煤机的牵引机构、行走机构、底托架及滑靴结构、连锁控制电缆及其连锁控制等相匹配。满足以下的条件因素，可以使得工作面产量提升，包括：输送机的运送能力强于采煤机的落煤能力，液压支架的移架速度强于采煤机的运行速度，支架推移千斤顶的连接装置和输送机中部槽的间距要互相协同，支架两个极限的结构尺寸与采高范围互相顺应，支架推移步距与截深相契合等。综采装备的选型流程如图5-2所示。

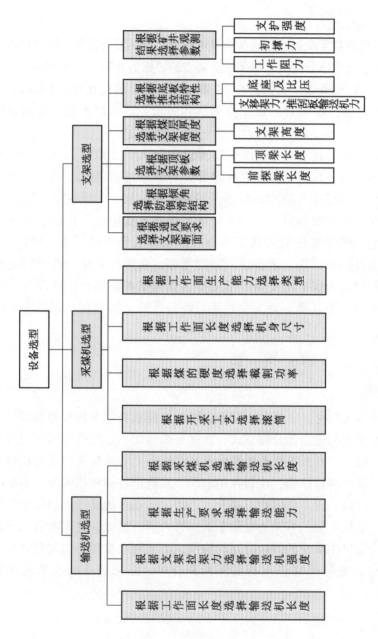

图5-2　综采装备选型流程

5.3.2 配套流程

综采"三机"配套是否得当，直接影响整个工作面的生产能力。对综采装备进行配套时，首先要确定适当的工作参数，对项目进行准确设计，根据采矿技术采取适当的采煤方法，对设备进行合理的选择和布置。煤矿设备的选择必须在开采之前做好准备，设备选型过程中要综合考虑到影响筹备工作的诸多因素，同时满足工作面具体条件（大采高、极薄、特厚、大倾角等），工作面设计参数（截深、推进长度等），工作设备的配套以及安排等影响因素。根据相关经验，结合采煤机、液压支架、刮板输送机"三机"配套方法，以作为这些机器设备的选型过程中的参考。对于每个组件，都要严格按照设备配套的要求，选择相应类型，否则不仅有可能会影响到时间和经济成本，还会严重影响到工作面安全，甚至影响正常的生产过程。综采装备的配套流程如图5-3所示。

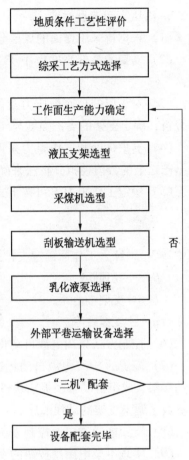

图 5-3 综采装备配套流程

5.4 综采装备选型配套标准

5.4.1 选型标准

1. 采煤机选型标准

（1）根据工作面生产能力确定采高、截深、挖底等参数，进而确定滚筒尺寸。

（2）采煤机滚筒能实现工作面两端斜切进刀自开缺口的要求。

（3）采煤机的装机功率应能满足生产能力和破煤能力，正常行走速度应能充分满足生产能力的要求。

（4）采煤机与支架之间应有足够的安全距离（不小于 200 mm），确保不相互干涉。

（5）过煤空间不小于 300 mm，以保证煤流能顺利通过。

（6）采煤机机械和电气部分应具有较高的稳定性能，开机率应符合要求。

（7）采煤机应具有自动记忆截割、工况监测和远程控制等功能。

2. 液压支架选型标准

（1）根据待采工作面的煤层分布情况，确定工作面采高。

（2）支架的最低高度应小于工作面最低采高，最大高度应高于工作面最大采高。

（3）对煤层的顶底板压力及邻近工作面压力进行监测，对监测数据进行计算分析，确定支架的支护强度与额定工作阻力。

（4）支护强度和工作阻力采用经验估算法和建立在支架与围岩相互作用关系基础之上的数值模拟分析法来确定。

（5）额定工作阻力 F 可按下式进行计算：

$$F \geqslant \frac{P \times B \times L}{\eta} \tag{5-6}$$

式中　P——综采工作面额定支护强度；

　　　　B——控顶距；

　　　　L——支架中心距；

　　　　η——支撑效率。

（6）控制方式采用电液自动化控制。

（7）配置的 SAC 电液自动化控制系统可实现成组程序自动控制，包括成组自动移架、成组自动推刮板输送机等动作；能随工作面条件的不同，通过调整软件参数来调整支架的动作顺序。

（8）支架能通过电液控制系统实现邻架的手动、自动操作。

（9）实现本架电磁阀按钮的手动操作。

（10）具备远程控制边能。

3. 刮板输送机选型标准

（1）刮板输送机的运输能力必须满足采煤机割煤能力，考虑到刮板输送机运转条件多变，其实际运输能力应略大于采煤机的生产能力，即

$$Q_y \geqslant K_c K_v K_\gamma Q_c \tag{5-7}$$

$$Q_c = 60 H B \gamma V_c \tag{5-8}$$

式中　Q_y——刮板输送机的最大运输能力，t/h；

　　　　K_c——采煤机割煤速度不均匀系数；

　　　　K_v——采煤机与刮板输送机同向运动时的修正系数；

　　　　K_γ——煤层倾角和运输方向系数；

　　　　Q_c——采煤机的设计生产能力，t/h；

　　　　H——平均采高，m；

B——采煤机截深，m；

γ——煤的视密度，t/m^3；

V_c——采煤机平均割煤速度，m/min。

（2）刮板输送机的功率根据工作面长度、链速、重量、倾斜程度等确定。

（3）结合煤的硬度、块度、运量，刮板输送机选择中双链形式的刮板链条；机身应附设与其结构型式相应的齿条或销轨；在刮板输送机靠煤壁一侧附设铲煤板，以清理机道的浮煤。

5.4.2　配套标准

综采工作面装备性能应相互匹配，否则就会相互制约使设备难以充分发挥其最大作用。综采装备的配套标准就是要使设备间相互协调，使各个设备的性能得到充分的发挥从而满足生产需要。综采装备性能配套标准主要有：

（1）液压支架的移架速度与采煤机的牵引速度配套，即支架沿工作面长度方向的追机速度应能跟上采煤机的牵引速度。否则就会使采煤机后面的空顶面积增大易造成梁端顶板冒落。移架速度的计算值必须大于采煤机的最大牵引速度。

（2）采煤机底托架与刮板输送机中部槽相匹配。

（3）采煤机摇臂与刮板输送机机头机尾和自开切口相匹配。

（4）保证液压支架的前梁收回护帮板后的整体厚度与采煤机行星头不发生干涉，采煤机行星头与刮板输送机铲煤板不干涉。

（5）保证采煤机在刮板输送机弯曲段和过渡段上运行时和刮板输送机之间不存在干涉，采煤机机身与刮板输送机挡煤板的间隙一般应大于30~50 mm。

（6）保证采煤机滑靴与刮板输送机铲煤板间留有一定的间隙，以免相互干涉；保证采煤机截割滚筒与刮板输送机铲煤板不相互干涉。

（7）液压支架推移千斤顶的行程除了满足生产指标的要求外一般还应比采煤机的截深大100~200 mm。

（8）刮板输送机牵引销轨应满足采煤机牵引力的要求。

（9）刮板输送机中部槽与液压支架推移千斤顶的连接方式要合理。

（10）液压支架的中心距与刮板输送机中部槽的长度要相同，其推移千斤顶与输送机中部槽连接装置的间距和结构也要相互匹配。

（11）刮板输送机推移的强度应与支架的拉架力相匹配。

（12）刮板输送机的机头（尾）架和过渡槽是一个刚性整体，液压支架保证其同步推刮板输送机。

上面的配套要求都是在煤层地质条件不变、倾角较小的情况下工作面设备需要遵循的标准。当煤层发生变化时，综采工作面设备还应根据实际情况满足一定的要求。

（1）煤层倾角大于10°时，采煤机上需要设防滑装置。

（2）煤层倾角大于16°时，刮板输送机必须设置防滑锚固装置。

（3）煤层倾角大于18°时，液压支架必须设置防倒防滑调架装置。

（4）必须考虑综采设备各部分间的连接强度和刚度。

此外，还要考虑采煤机的牵引机构、行走机构、底托架及滑靴等的结构。同时采煤机、刮板输送机和液压支架性能的综合能力应较好地协调起来，为高产高效工作面的生产提供条件。然而这也只是一些经验理论，当实际情况变化时，还应针对具体情况采取具体措施。在实际生产中往往出现设备的参数在配套设计时符合要求，但在使用中却无法达到或实现。所以综采工作面综采装备配套不能停留在简单的"经验类比"上，如果不具备客观条件与配套标准，不论单机设备的生产能力多么高，都无法实现井下综采装备共同提高生产能力的目的。所以，综采装备配套应以实际为出发点，因地制宜，才能实现高产高效。

煤矿成套装备租赁服务业务模式

6.1 煤矿成套装备租赁服务概述

6.1.1 煤矿成套装备租赁服务需求分析

煤炭是我国的主要能源，占全部能源的 70% 以上，近年来煤炭需求量不断增加。煤炭市场的坚挺不断刺激着煤炭的生产，同时，综采综掘技术不断发展，新的设备不断推出使用，各煤业集团所投入的设备数量和品种越来越多，煤炭企业越来越关注采购负担造成的影响问题。由于煤炭企业生产建设中使用的大型设备一般都是价格昂贵、不便存放、流动频繁、不可短缺、配套性要求高、与生产环境相关度高的设备，如何对这些设备进行统一管理，用最少的资金最大限度地满足全煤业集团的设备需求，越来越成为煤炭企业关注的焦点问题。显然，各矿购买各矿的设备，各矿备用各矿的设备已经不是理想的选择。

为了提高设备利用率，降低资金占用率，以少量资金获得大量优质设备，同时减少设备闲置时间、取消维护成本、折旧成本、弃置成本，各煤矿企业对煤矿装备的成套租赁服务的需求越来越高。

6.1.2 煤矿成套装备租赁服务必要性分析

煤矿成套装备租赁服务属于资金高密集行业，无论在煤矿设备选型配套、采购、库存、运输、搬家等都需要大量资金投入，与工程项目、科技产业研发相比，风险性更高，投资回收期长。而大型煤矿生产所需的煤矿成套机械设备具有价格高、更新要求高、更新间隔时间短、与煤矿生产密切相关等特征。煤炭生产企业在经营过程中不但需要不间断地推进设备更新，而且要面临因煤矿设备价格持续上涨而造成企业资金短缺的多重压力。显然，传统煤炭的单一设备租赁或购买早已不能适应如今煤矿行业市场与技术的迅猛变化，如果不能完成及时的改变，将会致使相关煤炭企业的净利润大幅下降，甚至出现亏损的局面。与传统的购买或单一设备租赁相比，选择成套装备租赁的业务具有更强的灵活性，能够有利于发挥煤矿专业设备优势，方便设备的更新迭代与精细化管理。

因此，煤炭企业应积极开展成套装备租赁服务，以灵活的成套装备租赁业务代替固定的单一装备购买或租赁业务，不仅能够节约煤矿企业初期资金，而且方便以较低的成本完成煤矿成套装备的及时升级转型，对保证煤矿企业资金流充足、维持矿井高效生产、适应市场发展前景、提高企业在行业中的竞争力是十分必要的。

6.2 煤矿成套装备租赁服务业务流程

6.2.1 成套装备租赁流程规范

（1）煤矿企业提出设备需求。煤矿企业向租赁公司提出所需求煤矿装备的类型、名称、型号等，同时说明租赁时间。

（2）租赁公司决策租赁方式。租赁公司根据煤矿企业的需求对租赁方式进行决策。

（3）租赁公司给出租赁方案及计价方式。租赁公司向煤矿企业提供租赁方案，并给出租赁费用计价明细。

（4）办理租赁委托和资信审查。煤矿企业填写《租赁申请书》或《租赁委托书》，说明具体要求。租赁公司要求承租人提供项目可行性研究报告、担保函、资产负债表、企业经营书和各种财务报表等。

（5）签订租赁合同。租赁公司与煤矿企业共同签订合同，内容包括一般条款和特殊条款。一般条款包括合同说明、租赁设备条款、租赁设备交收条款、租期、起租日期和租金支付条款等。特殊条款包括购货合同与租赁合同的关系、租赁设备所有权、对租赁公司和煤矿企业的保障、保险条款和租赁期满对设备的处理条款等。

（6）交付与检验设备、投保。煤矿装备交付煤矿企业，煤矿企业进行安装和运转试验。租赁公司向保险公司投保，并签订保险合同。

（7）支付租金。煤矿企业按照合同规定向租赁公司支付租金。

（8）租赁期满处理设备。租赁期满后，煤矿企业按照合同实行退租、续租或留购。一般而言，租赁公司以象征价格（一般是残值价）卖给煤矿企业或无偿转让给煤矿企业，也可以以低廉租金续租。

6.2.2 装备经营租赁流程

根据成套装备经营流程规范，成套装备经营租赁主要按照以下流程进行操作：

（1）煤矿企业向租赁公司提出租赁申请，由租赁公司对煤矿企业进行租赁资格审查。若煤矿企业因各种原因如企业失信、企业盈利能力低下等未通过资格审查，则停止煤矿装备经营租赁业务的开展。

（2）煤矿企业通过资格审查，煤矿企业作为承租人向租赁公司提出煤矿装备需求，给出煤矿装备的具体型号及各种装备所需数量。

（3）租赁公司提供煤矿装备。若租赁公司本身持有承租人需要的成套装备，则可直接出租给承租人；若租赁公司未持有可租赁装备，则需开展装备购置计划，与煤矿装备制造厂商进行商务谈判以购买成套煤矿装备，完成购买装备的验收并付款。

（4）租赁公司与煤矿企业进行商务谈判，签订租赁合同，由出租人将装备交付给承租人，承租人完成装备验收并按照合同内容支付租金。

（5）租赁合同到期，租赁公司收回装备。成套装备经营租赁流程如图6-1所示。

6.2.3　成套装备直接融资租赁流程

成套装备直接融资租赁主要按照以下流程进行操作，流程如图6-2所示。

（1）煤矿企业向租赁公司提出租赁申请，租赁公司接受申请并对煤矿企业进行租赁资格审查。

（2）通过资格审查后，煤矿企业向租赁公司提出煤矿装备需求，给出煤矿装备的具体型号及各种装备所需数量。

（3）租赁公司按照煤矿企业的要求，向设备厂商采购成套煤矿装备，完成装备的验收并付款。

（4）租赁公司与煤矿企业进行商务谈判，签订融资租赁合同，双方进行融资，煤矿企业支付货款。

（5）租赁公司将装备交付给煤矿企业并提供售后服务，煤矿企业完成装备验收并按照合同内容支付租金。

（6）融资租赁合同到期，按照融资租赁合同的约定，煤矿企业保留装备或租赁公司收回装备。租赁公司对煤矿装备进行维修或再制造，对不可再用的装备进行拍卖处置。

6.2.4　装备转租赁流程

成套装备转租赁主要按照以下流程进行操作：

（1）煤矿企业向租赁公司提出租赁申请，由租赁公司对煤矿企业进行租赁资格审查。

（2）煤矿企业通过资格审查后，向租赁公司提出煤矿装备需求，给出煤矿

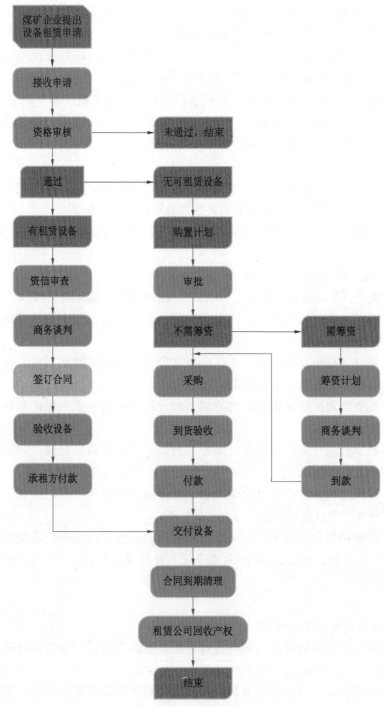

图 6-1　成套装备经营租赁流程

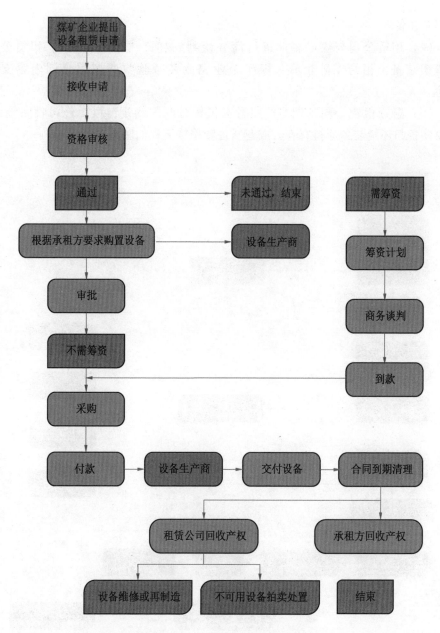

图 6-2 成套装备直接融资租赁流程

装备的具体型号及各种装备所需数量。

（3）租赁公司负责提供煤矿装备。租赁公司向其他装备持有者提出租赁申请，进行商务谈判，与其他装备持有者签订"租赁合同"，以租赁的方式获得成套煤矿装备。

（4）租赁公司与煤矿企业进行商务谈判，签订"租赁合同"，租赁公司将煤矿装备出租给煤矿企业，煤矿企业完成装备验收并按照合同内容支付租金。

（5）融资租赁合同到期，按照融资租赁合同的约定，租赁公司收回装备，并将装备归还给装备原持有者。成套装备转租赁流程如图6-3所示。

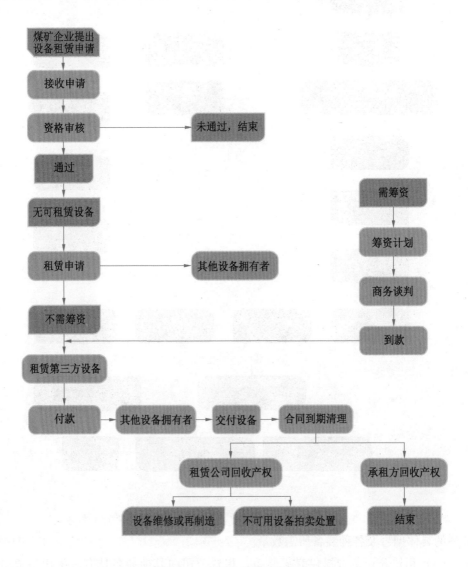

图6-3 成套装备转租赁流程

6.3 煤矿成套装备租赁服务过程管理

6.3.1 装备租赁服务管理组织架构

在成套装备租赁过程中,装备租赁服务管理组织架构是租赁公司开展装备租赁的流程运转、部门设置及职能规划等最基本的结构依据。对装备租赁进行模块化管理,每个模块各司其职,与不同的参与主体进行对接,所有模块共同构成管理组织架构。装备租赁管理模块包括项目负责人、项目管理部门两部分,参与的主体分为租赁公司、煤矿企业与设备厂商。

项目负责人模块是租赁装备管理的直接领导,负责与承租方保持双向沟通,将承租方的需求或问题及时反馈给项目管理部门。由项目负责人直接领导集成供应链体系和集中指挥调度,控制项目的具体实施。各矿井装备维护人员组成、资源配置均由集中指挥调度从集中供应链体系中集中调配、指挥生产,项目负责人与承租方能够保持良好沟通、进行资源调用与资源共享。

项目管理部门模块负责对项目的常规运行进行管理,包括需求管理、人力资源管理、供应管理、合同管理、方案设计管理、风险管理等。

装备管理模块能够实现煤矿装备在租赁过程中的全生命周期管理,包括装备的选型配套、调试安装、正常运行、维修维护、再制造等,在服务过程中始终对装备的状态进行管理。在成套装备经营租赁中,装备管理模块包括对承租方与项目负责人、项目管理部门之间始终能够保持双向沟通。若采用融资租赁的方式,则装备管理模块还包括对设备厂商的管理,以保证设备厂商参与沟通。装备租赁服务管理组织架构如图 6-4 所示。

6.3.2 装备管控平台架构

由于租赁服务的主体和内容在不断增加,装备租赁模式增加导致租赁环节越来越多,对装备管控的方式也提出越来越高的要求。在互联网时代,随着信息技术的发展以及现代物流的转型升级,租赁装备的管控方式也应逐渐进步。

在传统的租赁装备管控中,管理装备是由租赁公司旗下的相关部门负责,而与煤矿企业进行信息对接的有可能是租赁公司的其他部门,或是本部门的其他负责人。煤矿企业与租赁公司之间虽然是双向联系,但是管控信息在主体之间逐级传递,信息掺杂主观因素,并具有延时性。在了解到装备相关信息后,承租方或出租方管理人员仅能依据个人经验来进行决策,容易造成决策判断失误,导致一系列的负面影响,轻则耽误煤矿正常生产、影响煤矿企业盈利,重则有可能出现安全事故,导致煤矿企业停产停工、受到处罚。而现代化、平台化的管控措施能利用科技化、信息化、专业化的技术支撑,做到各主体之间、主体的各部门之间

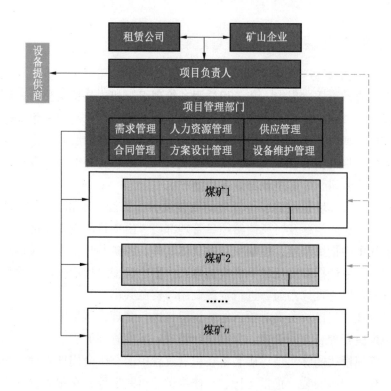

图 6-4　装备租赁服务管理组织架构

对装备的状态都能够有全面、准确的了解，以便及时通过装备状态做出决策指导。

平台化管控有利于各部门信息之间的快速流通，有利于相关管理及时做出正确的决策。在互联网时代对装备租赁进行管控时，应抛弃传统的管控方式，采取最新的平台化管控机制。

根据成套装备租赁的管控要求，设计成套装备租赁平台管控基本架构如图 6-5 所示。该架构由区域集中管控支撑模块、装备调度模块、装备供应模块和其他管理模块构成。装备供应模块为煤矿装备租赁服务提供装备交付标准以及装备物流保障。装备调度模块负责为煤矿装备在整个租赁期间提供全生命周期保障服务。装备供应模块、装备调度模块和其他管理模块通过信息之间的传递和共享，统一形成煤矿装备管控平台架构，为煤矿装备管理提供技术支撑与制度支持，并针对不同装备的状态设计装备管理流程。

6.3.3　装备租赁风险管控

由于煤矿成套装备租赁业务投资额大、周期长，业务本身广泛涉及金融、国

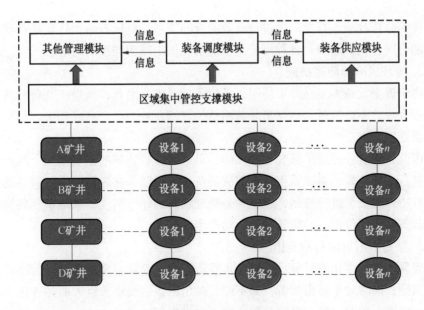

图 6-5　成套装备租赁平台管控架构

际贸易、法律、交通运输、保险、物资供应、企业经营管理等多方面关系，因而存在复杂的风险因素。在办理煤矿成套装备租赁业务的过程中，无论是经营租赁业务、融资租赁业务还是转租赁业务，无论是出租方还是承租方，从租赁合同的签订、执行到租赁合同的结束，都可能面临影响租赁业务正常进行的各种因素或事件。因此，要对煤矿装备租赁服务的关键风险控制点进行分析，并制定风险防范措施，将风险因素的变化、防范措施和管理建议报告给决策层，以提高企业的风险管理服务水平，尽可能使风险对各租赁主体的影响降到最低。

1. 信用风险与防范措施

由于我国融资租赁行业发展的不完善与售后回租业务占有过高比例，使得我国融资租赁行业类似于银行的信贷，因此信用风险成为租赁行业最主要的风险。传统的信用风险是指由于交易对手违约而带来的风险，而煤矿装备成套租赁的信用风险不仅包括实际违约带来的风险，还应包括由于承租人信用状况和履约能力上的变化导致出租人资产价值发生变动而遭受损失的风险。出租人放松资金回收、承租人缺乏流动资金、租赁服务跟不上导致合同纠纷等，都是造成信用风险的主要原因。

租赁公司为预防承租企业的信用风险，需要建立租赁业务信用资格审查程序。首先，要通过各种方法考察用户的诚信度和租赁款到位情况，进行充分的工程项目风险评估，并依据对承租企业的信用标准来评价其支付租金的能力从而制定正确的收账政策。其次，要进行有效的合同管理。对所有的租赁业务都要签订规范的合同，在合同中对各种可能发生的情况做出较为详细的约定。

2. 管理风险与防范措施

由于煤炭设备大多在井下使用，环境条件恶劣，因此，当煤矿装备的使用与维护不合理、不规范时，则煤炭装备租赁的管理业务同样会造成伤害，租赁业务的发展难以为继。

因此，租赁公司应下派装备监理师，负责对煤矿装备的正确使用、维护、养护等进行现场监督，协助承租企业解决装备技术问题，在现场对煤矿装备的外购件、外协件的质量进行控制，建立装备管理状态的评审制度，来维护装备资产的物理状态和使用价值，预防管理风险的产生。

3. 装备折旧风险与防范措施

煤炭装备大多比较昂贵，更新装备投资巨大，面临着高资金投入与高成本折旧的风险；同时对于转租装备，如不能及时出租，也面临着巨大的经营压力。租赁公司应建立利益分配与风险分散机制，在供应商（设备生产厂商和配件、外协件生产经营商）、租赁企业和承租方之间建立利益驱同机制，实现"风险共担，利益共享"。

4. 监管和法律风险与防范措施

融资租赁行业一直以来处于多头监管局面，因此三类租赁公司受约束的管理规范有着明显不同。外资租赁公司适合用《外商投资租赁业管理办法》与《融资租赁管理办法》，金融租赁公司适合用《金融租赁公司管理办法》，内资租赁公司共同适合用《融资租赁管理办法》。以上不同的规定中设置的三类租赁公司的准许条件有比较大的区别。在法律环境方面，煤矿装备租赁在国内还属新兴行业，相关法律法规不健全，存在监管缺位的问题。

因此，租赁公司应加强行政监管，推动有关部门通过立法和行政的手段来加强行政管理和干预，系统地降低市场风险、税收风险和监管风险等行业性的主要风险。

5. 安全生产风险与防范措施

煤矿属于高风险行业，当出现大的安全事故时，承租方资不抵债、破产或遭受刑事处罚时，导致设备无法回收。

对此，租赁公司应建立装备索赔管理机制，当设备有偿托管和租赁企业的设备遭受损失时，设备索赔就是减少和控制损失的必由之路。可以引入第三方机构，全面介入煤矿设备租赁的投标、协商、订约、履约和索赔等意外事项管理，将有助于煤矿设备租赁双方科学规避风险，实现利益最大化。

7 煤矿装备托管运营业务模式

7.1 资产托管概述

7.1.1 资产托管的概念

所谓托管，顾名思义就是委托管理的意思，具体是指拥有资产所有权的企业、单位，通过签订契约合同的形式将资产有偿托管给专业的托管公司，由托管公司进行综合的资产调剂，并最终实现资产变现的一种经营方式。通过契约形式，在一定条件下和一定期限内以信任为基础，以法人财产权为纽带，受托方有条件地接受管理和经营委托方的资产，从而有效实现资产的保值、增值及效益最大化。

7.1.2 资产托管关系构成

1. 主体

资产托管的主体包括委托人、受托人和受益人，它们之间职责明确、相互独立、相互制约。

资产托管中的委托人，对企业财产有最终处置权，一般是企业或者对企业拥有决策权的母公司和拥有实际控制权的关联企业或者是国有企业的相关管理部门。托管经营作为经营模式的一种，不涉及产权转移问题，主要是管理者的选择问题和方式。

企业资产托管中的受托人，可以是具备接受企业资产托管经营管理能力和权力的独立企业法人，也可以是具有相应能力的非法人实体和团队，可以是按现代企业制度模式建立的企业托管公司、国有资产管理部门，也可以是中外合资或外商独资企业。选择受托方的关键在于受托方能否按约定条件，在规定期限内，通过经营、管理、运作受托资产，为委托方带来预期的经济目标和相应的回报。委托方选择受托方的一个必要条件是，受托方必须具备一定的风险承受能力。委托方为了降低风险，往往除了需要在合约中规定特定的经营活动和投资范围之外，还要对违约造成的资产损失的补偿问题做出约定。因此，除了要考虑受托人的经营能力之外，受托人的风险承受能力对委托人来讲也不可或缺。

企业资产托管中的第三个主体为受益人。一般情况下，托管实践中受托资产的受益人即是委托人。如果受益人不是委托人，则其依据托管合约享有受益权必须是契约中明确规定的收益的索取权，因为受益人取得托管收益却不需要付出任何代价，一旦托管合约中有关于受益人的条款，在符合相关法律规定的前提下，必须对受益人的权益加以保护。

2. 客体

资产托管的客体为企业资产的全部或者部分产权。在托管实践中，委托管理的标的企业可以按实际发展需要，以多种对象为选择，可以是委托方企业下属的经营不善的亏损企业，或者资不抵债或濒于破产的企业，托管的目的在于引入科学有效的管理模式和优秀的管理者，使企业摆脱困境，借助外来力量的支持使原先已经或正在失去活力的企业重新获得生机，作为母公司或者上级主管部门新的收入来源；也可以是经营较好或者具有良好发展前景的企业和相关资产，这种情况下，企业的目的则不是由他人来创造利润，而是作为资产重组的方式之一，剥离非主业的相关业务，但目前又找不到合适的买方，作为权宜之计，且将其托管，在未来将其转让，以期望在市场中取得更加集中的竞争优势。

3. 托管契约

托管经营是一种以契约保障双方对于受托资产的权利重新分配的方式，在形式上体现为一种契约行为，在内容上则体现为一系列权利义务的分配，它是一种以契约保障双方对于受托资产的权利重新分配的方式，双方均受到《民法典》等相关法律法规的严格限制，因此必须强调，在托管实践中，双方必须签订托管合约，约定双方的责任和权利义务，以及必要的争端解决机制和办法，以降低未来的不确定性对双方的影响。

7.1.3　企业托管的特点与作用

企业托管是指企业资产所有者将企业的整体或部分资产的经营权、处置权，以契约形式在一定条件和期限内，委托给其他法人或个人进行管理，从而形成所有者、受托方、经营者和生产者之间的相互利益和制约关系。

1. 企业托管特点

1) 明确的委托代理关系

企业托管经营明确了委托方（企业产权的所有者）和受托方（企业的经营管理者及生产工作者）之间的权利和义务关系。委托方作为企业的原始产权主体，对于企业财产拥有最终的处置权，受托方要以维护委托方的权益为目的，对企业经营管理时要严格按照委托方的授权范围和意愿，通过对受托资产的具体经营、运作与管理程序，在规定的期限内为委托方带来预期的经济目标和相应的利益回报。

2）明确的利益分配关系

企业的资产是企业托管经营分配关系的基础。委托方（企业产权的所有者）对企业投入资产等生产资料，收获企业的剩余所有权，获得投资回报。受托方（企业的经营管理者及生产工作者）对受托企业投入个人劳动力、经营管理力、技术力，同时需承担企业的经营管理风险，以此获取劳动回报。受托方的管理人员一般采用年薪制的分配方式，薪资的高低与受托方为企业创造的经营效益和经营业绩有关，薪资以佣金的形式发放。这种利益分配关系，使委托方和受托方的责任和利益建立在企业的资产这个载体上，收益关系明晰。

3）科学的劳动组合

企业的劳动组合使专业技术岗位需求与企业专业的技术人员的工作效率和劳动技能相匹配。这种劳动组合可以实现技术劳动的优化，最大限度地实现人尽其才，物尽其用，提高企业的工作效率和管理效率，使企业更有效地运转，从而达到企业劳动效率和经济效益的提升。

4）明确的企业经营管理主体

企业托管经营管理的主体为具有行业专业性和较高管理能力的公司或者专门从事企业托管经营的公司。相较于委托方而言，受托方即企业经营管理主体有较专业的技术能力，较丰富的管理经验，它通过进行科学的管理活动，帮助企业建立起明确的委托代理关系、明确的利益分配制度、科学的劳动组合及有效的经营模式，同时获得报偿。

2. 企业托管作用

企业托管是在目前不宜马上在大范围内推进企业破产和收购、兼并的情况下，针对企业产权主体不清、明确产权所需的配套法规严重滞后、社会保障体系不完善、国有资产代表权责不清等问题，在不改变或暂不改变原先产权归属的条件下，直接进行企业资产等要素的重组和流动，达到资源优化配置、拓宽外资引进渠道以及资产增值三大目的，从而谋取企业资产整体价值的有效、合理的经济回报。其主要作用有：

（1）促进企业产权制度改革，有助于完成企业的整顿与重组。

（2）降低管理成本，提高资本质量，出售与治理并重。

（3）有效参与资本市场融资、筹集企业重组资金等的渠道，有利于拓宽外资引进。

（4）方便企业引入有效的经营机制、科学的管理手段、科技成果、优质品牌等。

（5）优化组合企业各种市场的生产要素，显著提高企业的资本营运效益。

7.2 煤矿装备托管运营的意义与可行性

7.2.1 托管运营的意义

托管运营可以在不改变产权归属的形式下，搁置争议和矛盾，直接开展企业资产的流动和重组，解决多头领导的问题，提高生产管理效率。目前，托管运营已经成为煤矿生产组织的重要形式，煤矿生产专业化托管运营正逐渐成长为一种区别于传统自主生产的生产管理模式，正逐渐展现出其独特的优越性与强大的生命力。

从业主方来看，一是专业化托管运营由与众多员工签署劳动合同变为与托管运营机构签署生产合作合同，这不仅大大减少了很多人事问题，规避了很多内部雇佣模式的弊端，也由于契约事前锁定生产成本而方便了业主决策。二是专业化托管运营为煤矿企业增加了安全生产的保障，以合理的方式减小或规避了煤矿生产中的风险，合作双方通过合同约定，在安全管理等经营管理风险较大的环节，加大专业化的投入，细化责任分工，并互相监督与制约，既规避了内部人管理的弹性，也有利于降低安全成本，降低风险。三是有利于促进煤炭企业内部市场化，以外部市场化带动企业内部市场化，激发内部活力，提高企业市场竞争能力。四是通过托管的过程，促进了业主学习能力的提升，同时使业主专注于核心专长的培养，有助于提升业主竞争力。

从托管运营方来看，一是可专心致力于机电设备运营管理，减少了其他附加成本；二是可通过提高运营水平，降低运营成本，获取适当利润；三是在专业化运营达到一定规模后，会形成一定规模的人力资源，有利于合理安排培训，合理调配项目管理与技术人员，有利于集中精力、集中财力，通过科研投入，提升运营水平；四是设备修造可以实现规模化，大幅提升经济效益。

从煤矿行业层面来看，煤矿装备托管运营可以在很短时间内通过市场机制，调配各种资源，尤其是人力资源、技术资源，在一个新区域或煤炭产业发展较为薄弱的区域，及时达到煤炭行业大规模机械化开采的目标。这种自发式的技术与人力资源的大转移，在客观上也为行业水平的全面提升提供了有力的支持。并且通过专业化的机电设备托管运营，还可帮助困难企业降低生产经营成本。

7.2.2 托管可行性分析

1. 政策可行性

自2013年国务院办公厅发布《国务院办公厅关于进一步加强煤矿安全生产工作的意见》（国办发〔2013〕99号）鼓励小型煤矿进行托管运营以来围绕煤矿

开采等环节的托管模式在煤矿企业中被大量运用，其中开采过程中的煤矿装备托管也成为行业发展方向之一。在前期的煤矿装备托管中，由于受托人的托管能力和水平有限，虽然煤矿装备的部分托管、层层转包等行为在一定程度上降低了煤矿经营者的生产难度，但是也带来了较大的安全管理问题，即煤矿安全责任无法有效落实，煤矿经营者借托管逃避、转移监管责任，导致煤矿事故频发。

为了有效保障煤矿装备托管运营的正常进行，国家和地方出台了多项加强煤矿装备安全管理、打击违规装备托管的文件。2015 年 2 月，国家安全监管总局、国家煤矿安全监察局已下发《关于加强托管煤矿安全监管监察工作的通知》来规范煤矿托管乱象。2019 年 12 月，国家煤矿安全监察局印发《煤矿整体托管安全管理办法（试行）》（简称《托管办法》），对全国煤矿企业管理模式进行了全面整治。2021 年 5 月，国家矿山安全监察局发布《国家矿山安全监察局关于开展矿山外包工程和资源整合煤矿安全生产专项整治的通知》，开展全国矿山外包工程和资源整合煤矿安全生产专项整治，显著打击托管乱象，有效防范和遏制重特大事故发生。同年 9 月，国家矿山安全监察局下发《关于组织开展矿山外包工程和资源整合煤矿安全生产专项整治异地督导检查的通知》，对地方政府履行矿山安全监管职责情况进行督导，对煤矿落实《托管办法》情况进行督查，对煤矿违法转包、违规分包和假整合假重组行为进行严厉打击。各项政策推动全国矿山安全生产形势持续稳定好转，划分安全责任界限，有效提高煤矿装备托管运营安全管理水平，保证煤矿装备托管运营的政策可行。

2. 市场可行性

煤炭在我国能源供应体系中具有十分重要的地位。党的十八大以来，在习近平总书记"四个革命、一个合作"能源安全新战略的科学指引下，多轮驱动的能源供给体系逐步完善，供给质量和效益不断提升，能源自给率保持在 80% 以上，不仅经受住了新冠疫情、重大自然灾害等方面的严峻考验，而且有力应对了国际能源价格动荡对我国发展的传导影响，为促进经济社会高质量发展提供了坚实的能源保障。作为全球最大的能源生产和消费国，煤炭是支撑我国国民经济发展的主体能源，是能源安全的重要保障和工业生产的重要原料，其高质量发展是我国能源变革的关键所在。显然，煤炭作为我国能源"压舱石"的主体地位不会改变，煤炭行业转型升级与高质量发展要求更加迫切。截至 2023 年底，国家已建成或正在建设各类煤制油、煤制烯烃、煤制气、煤循环利用等一批大型煤炭综合利用项目，有力提升了煤炭产业的成长能力。随着社会分工的进一步细化，模块化生产、社会化协作将不断深化，综合我国能源消费结构的变化进程、资源条件、产业基础、区位特点，未来煤炭开发仍可保持一个合理的发展态势，煤炭装备市场开拓和能力提升有良好的空间，煤矿装备托管运营服务将面临更多的发展机遇与更大的发展市场。

3. 技术可行性

随着生产技术的进步与煤炭的大规模开发，煤矿装备机械化、自动化水平越来越高，而煤矿的开采条件趋于复杂、安全风险不断增加，每个生产矿井都建设自成一体的装备系统，已不符合当前大分工、大协作的形势。事实上，先进的煤炭生产和管理经验的学习与积累需要一个较为漫长的过程，无论是采用传统自主生产模式的大量中小煤炭企业，还是缺乏生产管理经验的新进入煤炭行业的非煤行业投资主体，都无法适应国家对煤炭生产和安全管理越来越高的要求。更多的企业需要掌握先进生产和管理经验的服务商采用技术服务、托管运营等方式协助其进行矿井建设或生产运营。

另一方面，煤炭生产的自身特点也催生了煤矿装备专业化托管的诞生和发展。煤炭开采过程至少具有四大显著特点；一是高危性。煤矿的水、火、瓦斯、顶板和煤尘"五大自然灾害"时刻与煤矿开采的进程相随相伴，防治和避免生产事故的发生是煤炭企业的运营管理的重中之重。二是复杂性。煤炭生产包括采煤掘进、提升、运输、通风、排水、压风、供电、监测监控等多个系统，工艺环节多，工作内容多，影响因素多，系统性强。在复杂多变的井下要确保各系统安全平稳运行绝非易事。三是动态性。煤炭开采时刻伴随着作业位置的移动性、地质条件的动态性、突变性，要求煤炭生产管理人员必须具备丰富的实际经验和超前的预判能力。四是技术密集性。现代化矿井机械化、自动化程度越来越高，设备间的集成度明显增强，由此伴随着煤炭生产的技术含量也越来越高，对科技含量及自动化程度越来越高的配套设备的精准掌控和维护，是技术性较强的工作。煤炭生产的诸多特点在客观上决定了煤炭生产不仅需要扎实的理论知识，更需要丰富的实践经验。煤矿装备专业化托管运营在煤矿装备管理方面具有丰富的经验、完备的技术手段、先进的服务理念，能够实现煤矿装备资产的专业化管理，包括技术选型、监造管理、配套调剂、现场运行、维修管理、报废处置等在内的全寿命设备管理模式。煤矿装备托管运营以降低装备故障率和提高装备使用效率为重点，完成装备选型配套、装备大修、装备现场运行管理，推动煤矿装备技术创新和高端制造开发，加强信息和自动化、智能化建设，加大闲置装备再投入使用力度，全面提升设备保障能力，为设备有偿托管服务打下了良好基础。

7.3　煤矿装备托管运营服务模式选择

7.3.1　托管经营方式选择

煤矿装备托管经营的形式主要有五种，分别为整体托管、分层托管、部分托管、专项托管和网络营销托管。

1. 整体托管

整体托管经营，即将整个企业完全交给受托方进行经营管理，是一种相对全面的委托方式。一般在企业进行战略调整时，将亏损或潜在亏损的中小型企业进行全面托管；或者企业集团涉足新的领域，为了更好地实现资本运营，将新建的跨行业企业进行全面托管。整体托管情况下，受托方可以根据企业的规模、资源条件，结合自身的安全、生产、技术、建设方面的经验来组建机构、配置人员，进而应用到被托管矿井，使企业快速融入现代化企业建设之中。整体托管主要适用于困难的大型企业、微利或亏损的中小型企业。

2. 分层托管

分层托管经营是指在企业内部对二级单位实行托管经营。分层托管适用于大型企业，大型企业可以对其下属的分厂或车间化整为零、分而治之，实行分层式托管经营。

3. 部分托管

部分托管经营又称分割托管经营，是受托方经由委托方认可后，对被托企业或资产的一部分代表委托方行使其法人财权，实施托管经营的形式。部分托管经营的受托者不能充当被托企业或资产的法定代表人，但它可以在被托企业或资产的法人资格体系下从事法人财产权的产权经营活动，其委托方及被托方必须对其支持，并保护其合法的权益，也可以独立于被托企业或资产的法人体系之外从事法人财产所有权的产权经营活动，具体形式应由委托、受托双方以契约形式确定。在实践中，大型企业可以对其下属的分厂或车间、小型企业可以对其生产车间或生产线化整为零，单独授权，实行部分托管经营。

4. 专项托管

专项托管经营是受托方经由委托方委托认可后，对被托企业或资产的某个项目、某项业务、某项工作代表委托方行使经营管理权力的形式，专项托管与部分托管一样不能充当被托企业或资产的代表法人，一般的情况下都是在被托企业或资产的法人体系下从事独立的托管经营活动。这里所指专项内容包括产品的设计、生产的组织、产品的销售、企业形象设计、技术改造以及人员、资金、财产、债权、债务等。

5. 网络营销托管

网络营销托管是一种最新的企业托管形式，又称网站推广托管、网络推广托管，指把原本需要企业自己雇人实现的网络营销工作以合同的方式委托给专业网络营销服务商。网络营销托管服务商以互联网为平台，在深入分析企业现状、产品特点和行业特征的基础上，为企业量身定制个性化的高性价比的网络营销方案，并全面负责方案的有效实施，同时对网络营销效果进行跟踪监控，定期为企业提供效果分析报告。网络营销托管服务商通过整合利用了企业内外部优势资源，通过自身专业的技术、精准的营销策略、有效的执行从而达到降低成本、提高效率、充分发挥自身核心竞争力和增强企业对外部环境的应变能力的目的。

网络营销托管服务商以互联网为平台，为企业量身定制个性化的高性价比的网络营销方案，全面负责方案有效实施，对网络营销效果进行跟踪监控，并定期为企业提供效果分析报告。

对应以上五种托管运营模式，托管公司可形成以下几种托管经营方式：

（1）煤矿企业充分利用托管公司关于煤矿装备修造的技术、人才、规模优势，将建矿后的装备管理和维护整体委托给托管公司设备中心开展，支付一定的费用后享受低成本、高效率的服务，托管公司在托管中收到规模化、集约化经营管理的红利，以较少的人工成本和集成化、信息化的管控手段，获得较高的收益。

（2）通过融资租赁取得装备的煤矿企业，因没有装备修造和管控的专业人员和专用设施、设备，需要借助托管公司的力量进行装备管理维护，从而将有关业务进行托管。

（3）煤矿企业具有良好的设备管理手段和技术，企业生产信息化水平高，装备管控能力较强，但不愿开展设备的维修和保养，将其维修任务托管给托管公司开展。

（4）煤矿企业具有装备维修能力，但装备管控水平的能力提升较弱，难以短时间内对装备管理进行升级换代，为跟上企业发展的现代化步伐，将装备管控托管给有实力的托管公司进行托管。

7.3.2　盈利模式选择

1. "见利润"分配模式

此模式免收固定托管费用，以实现的税前利润为基数按协商比例分配。具体操作方法是：委托人在了解自身经营能力的情况下，经过谈判决定将其中部分设备委托其他公司经营管理。受托人根据自身经营管理能力，对委托资产进行管理，年终收取利润，并将经营产生的总利润按协议比例扣除后交给委托人，完成托管经营活动。具体到煤矿装备托管，即为委托煤矿企业与托管公司招标或分别谈判，协议确定托管矿井经营费用基数，托管公司中标后开展托管服务，有关人工及设备材料成本由委托方承担，托管期满，双方就节约的费用（即利润）按协议约定比例进行分配。

2. 单一经营模式

资产托管双方权责明确，委托方以一定的经营费用一次性按期收取，受托方经营利润多少都与托管方无关。整个过程中，委托方只需托管设备的财产权，并收取一定费用，受托方的全部经营过程及利润分配委托方都不参与。具体到煤矿装备托管，就是托管公司接管煤矿装备，按照企业价值链管理的理念，进行内部市场化管理，向上下游提供服务、支付必要费用，支付委托方的费用，最终获得经营收入。

3. 混合分配模式

资产托管双方权责明确，委托方包定利润基数，超额利润作为托管方的托管收入。此模式是单一经营模式的异化，通常是其他煤炭企业为实现自身利益最大化而采取的方式。委托方与受托方就托管收益分配进行协商，在保证双方基础利益的基础上实现共赢。

7.3.3 托管市场选择

在市场选择方面，煤矿装备托管分为煤矿装备总包托管以及矿山企业闲置装备托管两种。煤矿装备总包托管是指托管方全面托管某一煤炭企业的煤矿装备，按托管方式又分为全生命周期整体托管、装备维修维护的部分托管、装备管控的专项托管三种。矿山企业闲置装备托管是指 A 煤炭企业想要重新盘活其闲置装备，对托管人托管方进行整体托管并收取费用，托管方再寻找对该装备有需求的 B 煤炭企业进行装备总包托管并收取管理费。由于煤矿装备自身的特殊性，闲置装备在寻找合适的被托管方（B 煤炭企业）时往往难以满足煤炭企业的需求，导致闲置装备始终存放在托管公司，管理及人工成本耗费量大，无法产生合理利润，具有较高的风险。

因此，在开展煤矿装备托管运营服务之前，需要根据不同的托管条件进行分析，根据自身的优缺点合理确定托管服务的业务模式，积极参与到有关于煤矿装备托管运营业务中，选择合适的项目按专业化要求开展煤矿装备管控的托管。为有效规避风险，获取合理利润，应优先选择煤矿装备全生命周期托管的整体托管项目，其次选择以装备维修为主的部分托管项目，再次选择以装备管控为重点的托管项目，最后选择托管闲置装备并转租给其他煤炭企业使用。随后，再根据所选的项目寻找市场，以便于煤矿装备托管运营服务的落地。

7.4 煤矿装备托管运营体制构建

7.4.1 煤矿装备托管的运行模式与运行流程

1. 煤矿装备托管运行模式选择

1) 模块化运行

目前，大规模的煤矿装备托管市场正在逐步地培养当中，为了符合大规模煤矿装备托管运营服务的展开，需要对托管运营服务进行模块化管理。针对这种情况，煤矿装备托管服务应该分层次、分类别、分领域展开，将服务业务进行细分后整理，形成模块化、菜单式服务。煤矿装备托管服务可以形成多种服务组合，对不同的组合给予成本核算和市场定价，便可建立起模块化的服务体系。随着托管业务和市场的拓展，煤矿装备托管服务的模块还应结合服务特点和属性进一步增加，以此满足不同客户的需求。煤矿装备托管运营服务主要模块见表7-1。

表7-1 煤矿装备托管运营服务主要模块

服务模块名称	服 务 描 述
装备托管服务	托管适合煤矿企业使用的装备，根据托管协议支付装备托管费用
装备智能分析服务	对租赁装备提供技术支持、运行管理、大修管理、数据智能分析等服务
大修服务	对托管的装备提供大修服务
备品配件供应服务	托管公司根据委托方要求，根据自身的物资供应链为装备提供备品配件，缩短备品配件采购运输时间
技术服务	根据委托方需求，提供技术人员、作业人员等劳务输出
搬家倒面服务	利用人力、物力对井下使用装备完成搬家倒面工作
专业化总包服务	对托管的煤矿装备提供全生命周期管理服务，包括装备的验收、管理、运维、报废等，提供配件供应，对装备状态进行时刻监测与故障诊断分析

2) 标准化运行

（1）托管服务流程的标准化。标准化的目的是实现质量的保持和管理，促进技术的发展。建立托管服务流程的标准化需做到：一是对托管流程进行全面分析，梳理服务流程中的主要内容、项目、作业方式，以及这些项目的前后顺序与相互关系；二是拟订符合实际的流程，结合不同类型的市场和客户，提出相应的服务流程图；三是实施作业的标准化，明确在服务流程中的各项作业的要求，对作业内容与方式形成明确的表述，确定为作业规范，确保服务目标的实现；四是作业流程进行不断的反馈调整，最终形成标准化的煤矿装备托管流程。

（2）装备维护管理的标准化。结合装备托管业务的拓展，完善已有的标准化管理信息系统，利用目前先进的计算机网络技术方面的优势，管理集团内部逐渐庞大的设备管理资料、数据，实现智能化管理，使信息实现快速上通下达，更新、维护更加方便。针对集团标准化工作的特点与要求，对设备集中维修、安装、现场维护的各种信息进行统一、规范的管理，包括产品标准管理、工作计划管理、组织与人员信息管理、安全生产管理等，有效应对不断变化的服务环境，提升竞争力。

（3）服务体系、模块的标准化。通过建立科学有效的技术支撑体系，树立生产链式管理理念。装备托管的市场开拓、设备管理、维修是个系统工程，要对托管业务的价值链进行全面分析，形成上下游兼顾，既相对独立，全局与局部协调，又突出局部主体地位的标准化体系，改变传统煤炭生产粗放式经营的现象，把技术服务落实到生产的每个环节，提升技术支撑的水平，重视技术系统化效应。

2. 煤矿装备托管运行流程

托管合约的执行效果关键在于合约缔约过程的准备工作是否细致有效，如果在事前尽可能地考虑到托管过程中可能会出现的问题及其解决办法或者协商机制，一般情况下合约都会得到有效的执行。由于煤矿装备托管业务尚处于初级阶段，托管关系的形成来自行政手段，并未按市场化规则形成相关的托管流程，有关工作程序不规范，影响了托管工作的专业化、规范化，不利于装备托管业务的成长，不利于托管价值的产生、发现和增值，需尽快形成规范合理的托管流程，促进煤矿装备托管业务快速有序发展，煤矿设备托管的流程如图7-1所示。

煤矿装备托管流程分成四个阶段：首先，委托方决定需要托管的企业，或者企业的部分资产，寻找有合作意向的受托方；其次，受托方或者管理团队对委托企业及其资产进行实地考察、分析评估；再次，托管方提出经营管理的方案，受托方提出经营目标，在此基础上，双方开始实质性洽谈，确定最终经营管理方案和经营目标，正式签署托管协议；最后，托管方派出管理团队，进入企业实施托管。在托管经营过程中，如果双方认为存在终止合作的意向，或者出现了妨碍合作继续进行的事项，或者在第一阶段的合作结束后，双方仍有继续合作的打算，还存在后续的托管经营评估和进一步的谈判等。

7.4.2 煤矿装备托管运营集中管控模式

1. 集中管控目标

煤炭设备托管集中管控的总目标可以概括为：煤矿设备托管服务商为实现对所托管的设备状况进行全面掌握和控制，通过煤炭设备托管集中管控组织和服务流程再造，对设备管理、维护进行统一指挥和调度，从而满足煤矿生产的要求，满足委托方的服务需求。

该总目标可以分解为如下子目标：

（1）构建煤炭设备托管集中管控组织体系。

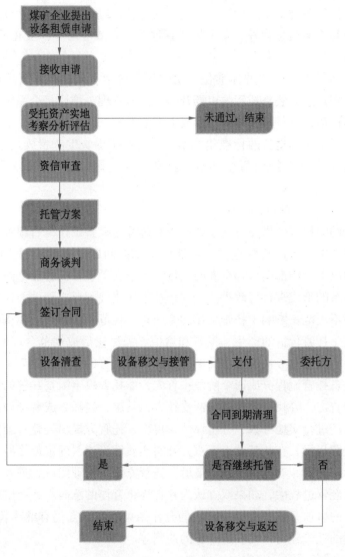

图7-1　煤矿设备托管的流程

（2）设计面向煤炭设备托管服务的管控流程。

（3）构建面向煤炭设备的供应链体系和运行机制。

（4）构建面向煤炭设备的统一指挥调度体系和机制。

2. 管控体系基本架构

煤矿设备托管服务管控体系由集中管控支撑平台、集中指挥调度平台、集中供应系统平台和其他管理系统四个模块构成。其中集中供应平台为煤矿设备服务提供高效交付和物流保障，集中的调度指挥为煤矿设备使用提供区域集中的生产调度智能指挥体系，而生产管控支撑平台则为煤矿设备管理提供制度支持，为其他平台设计管理流程。集中指挥调度平台、集中供应系统平台和其他管理系统通过信息之间的传递和共享统一形成煤炭设备托管服务管控体系的生产力。

3. 集中管控组织架构

煤矿设备托管一般采用项目式管理，项目式管理组织架构包括管理模块和控制模块两部分，如图 7-2 所示。图中蓝色框内为管理模块，即受托企业构建的项目管理组织结构，包括委托方（托管方）、项目负责人和相应的管理部门，项目负责人是项目管理部门直接领导；委托方与项目负责人和项目管理部门之间保持双向沟通；项目管理部门对项目的常规运行进行管理，包括需求管理、人力资源管理、生产成本管理、生产管理、解决方案设计管理、合同管理等。图中粉色框内为控制模块，由项目负责人直接领导集成供应链体系和集中指挥调度，二者共同控制项目的具体实施，并相互影响；各矿井设备管理人员组成、资源配置均由集中指挥调度从集中供应链体系中集中调配、指挥生产，各矿井间保持良好沟通、进行资源共享。项目管理部门定期对矿井单位进行资源配备和作业绩效考核。

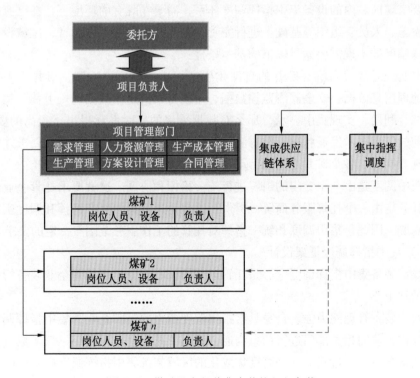

图 7-2　煤矿设备托管集中管控组织架构

4. 集中指挥调度体系

随着大型煤炭基地生产集中度的提高，煤炭生产环节的关联越来越多。从现实状况看，煤矿装备管理的调度控制模式是在各矿井设有各自的调度室，通过独立的自动化生产系统和安全管理系统进行生产调度控制和安全管理。各系统之间都没有直接的人员和数据的关联，无法进行有效的计划生产协同和资源共享，存在信息孤岛现象。因此，对装备托管矿井有关装备托管的人、财、物进行统一协同和调度，对煤矿装备托管过程进行集中优化，建立满足上述功能目标的集中生产指挥体系成为需要解决的问题。

1）设计目标

集中生产指挥调度体系设计的目标是要建设一个区域控制中心，即在一个煤矿相对集中的区域，统一设置一个面向区域内所有煤矿的区域控制中心，通过该中心的集中生产统一调度和指挥，实现各托管企业煤矿设备的数据集成、集中展示以及集中控制，以及设备维护的数据传导，建立并推行专业调度体系，实现煤矿设备优化排程，从而建成面向区域的现代化煤矿设备托管运营指挥中心。

2）约束条件

要实现区域内的设备集中指挥调度体系，需要在既有的环境下，在已有的设备、设施、人员、组织等基础上进行完善、补充和协同。具体而言，区域设备集中指挥调度的实现需要满足以下的基本条件：

要实现对区域内所有矿井的自动化生产设备进行集中控制，对井下综采数据、地理信息数据、安全监测监控数据、车辆与人员定位数据统一上传、集中存储和综合利用，实现集中显示，那么对数据采集的实时性就提出了很高的要求。以当前的信息技术发展状况，只有满足一定的地理集中度要求，上述要求才能得以实现。同时，各个矿井之间的劳动、材料、设备的协同成本才比较经济。

集中调度是由一个专门的组织进行统一指挥和协调，这就要求托管企业装备管控任务均由一个托管服务商统一提供。这也是进行集中生产指挥和调度实现的现实需要。因此，集中调度和统一指挥对托管的工作服务范围有一定的要求。

3）集中指挥调度框架设计

煤矿装备集中指挥调度中心是托管运营的核心部分，是托管企业装备管控信息的处理中心。

对于装备管理能力强、自身具有指挥调度能力的煤矿企业，集中指挥调度直接与煤矿企业的相关部门进行信息沟通，适用于托管企业规模小、煤矿数量少的托管装备管控。通过建立一个高度集成化的区域装备集中指挥调度中心同时管理区域内所有矿井安全、采掘、主运、通风、供电、给排水、人员、车辆、物料、设备等的调度，并对区域内的所有工作或服务进行统一的指挥，可以实现专业化、高度集成化的调度管理，有利于调度经验、知识的积累，进一步促进煤矿设备调度指挥水平的提高。因为不需要对各矿再次建立独立的调度室，从而可以进一步地减人提效，促进精益生产方式的推广应用。

对于装备管理能力弱的、不具备指挥调度装备能力的煤矿企业，托管公司应设置各矿独立的调度室，建立针对公司的指挥调度中心，在托管企业设备指挥调度中心的基础上建立一个区域设备集中指挥调度中心，各托管企业的调度室负责收集信息，并将这些信息上传至区域设备集中指挥调度中心平台进行处理，然后根据区域设备集中指挥中心反馈回的结果对其所负责的煤矿设备进行调度和指挥。而区域设备集中指挥调度中心负责数据和信息的集中处理，并将处理结果反馈给各托管企业的生产调度室；各托管企业则根据调度中心的指令进行生产或提供相应服务，并负责向调度中心进行信息的再反馈，同时根据调度指令调配资源到其他矿井。煤矿装备集中指挥调度中心把所有信息，包括直接负责调度指挥矿井的信息和基层调度中心上传的信息，进行综合分析后进行统一部署，然后下达调度指令给各个矿井和基层调度中心予以执行。煤矿装备集中指挥调度体系框架如图 7-3 所示。

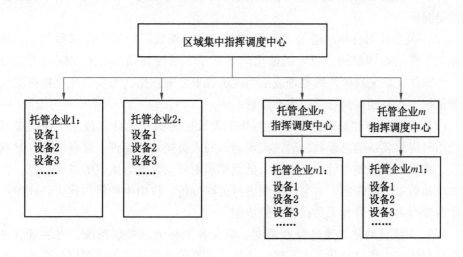

图 7-3 煤矿装备集中指挥调度体系框架

4）基本功能

煤矿装备集中指挥调度中心在总调度中心和控制中心的管理下，实现图 7-4 所示的各项功能。

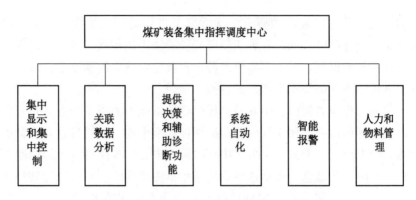

图7-4　煤矿装备集中指挥调度中心功能

（1）集中显示和集中控制。基于信息化技术的发展以及信息带宽的增加，在互联网应用下，集中显示通过互联网能够调用多个系统的多台装备，了解区域内各个托管企业的数据，将现有子系统集中在一个平台上分别予以显示。集中控制则是将区域内目前具有控制条件的子系统及设备集中分级集成在一个界面上进行集中控制，并加入相关规则进行各系统间的联动控制。通过集中显示和集中控制，可以实现数据的高度集成，集中创建数字化装备信息，分层动态展示装备监控控制画面。

（2）关联数据分析。通过多系统的融合，实现数据的集中存储和共享，按照相关事件的处理规则、规定的数据间的联系、触发规则，实现数据的关联分析、触发并完成突发事件的处理或给调度员提出处理意见，为安全生产指挥提供决策依据，提高调度执行的效率和质量。

（3）提供决策和辅助诊断功能。基于大数据分析和云计算技术，在装备日常使用时提取装备信息参数，通过实现动态的人员规划和管理、装备监控、材料供应、维修人员规划和管理、运输人员及车辆规划和管理等集成的基础信息，按照供应和数据间的规则，对生产数据进行关联分析，提出生产管理建议，在参数发生改变时为生产管理人员提供决策依据。

（4）系统自动化。通过专业调度、整合各个环节的控制系统，将装备管理自动化与煤矿生产自动化、主运输、风机、水泵等控制系统集成在同一平台，实现优化智能控制，促进管理的变革。

（5）智能报警。以信息化为手段，智能控制系统在某一测点报警的同时，能够直观地显示该测点所在区域相关系统和相关设备的参数，配合数据模型，及时提供给操作员直观、准确的报警信息，便于调度员及时决策。当紧急情况发生时，结合人员定位信息和地理信息，结合其他的实时监测（如人员定位）对报警内容进行评估，智能识别错误报警；识别主从报警，确定报警的根本源，屏蔽因报警产生的一系列次生报警，而不至于使调度员陷入大量的报警信息中。

（6）人力和物料管理。通过数据的集成显示、关联分析，生产管理人员可以直观方便地查看当前各生产区域的生产、维修、物料、人员分布、车辆分布及各项任务的完成情况，便于生产管理者及时制订、调整生产计划及各项资源的优化排程。具体而言，可以通过采用定位系统提供的数据，了解人员、车辆的分布。通过数据的关联分析，智能报警，降低人员和车辆进入危险区域的概率；通过定位跟踪，加强对危险品运输的跟踪管理；通过内嵌的管理系统，实现故障设备备件与库存、计划工单和出库工单的直接关联，减少中间环节，提高备件材料的组织供应效率。

7.5　煤矿装备托管运营风险管控与防范

7.5.1　主要面临风险

根据煤矿装备托管运营的性质，其面临的主要风险包括市场评估风险、运营管理风险、信用财务风险、政策与法律风险等方面。

1. 市场评估风险

托管经营实际上将企业的经营权委托给其他经营管理能力较强的企业，而被托管企业的所有权不变。煤炭企业设备托管前，受托方必须认真地对被托管煤矿设备的生产运行进行详细的考察分析，从而给出符合企业发展的定价。如果由于过高地估计托管煤矿设备的运行状况和资产价值，以至于向托管的煤矿收取的管理费用较低，会使企业在以后的经营中承受巨大的财务压力，严重的会造成企业的财务危机。通常情况下，定价风险主要由两个方面引起：一方面是托管煤矿的财务报表风险，企业在接受托管煤矿时所给出的定价就是依据托管煤矿的财务报表等信息，但一些托管煤矿为追求利益的最大化，故意隐瞒财务信息，夸大企业的生产能力，严重影响定价的合理性，产生财务隐患；另一方面是企业的评估手段带来的风险，企业评估手段的正确与否，也关系到企业对托管煤矿的评估，一些企业往往会因评估手段的不科学，造成评估结果的不准确，不利于企业的发展。

2. 运营管理风险

由于运行管理不规范造成运行效率低下，影响利益相关者经济效益的风险在设备托管中比较多，尤其受到煤矿开采的特殊条件制约，这种风险大大增加。煤矿设备托管运行管理的风险要素主要有：一是业务运行组织不合理，使设备使用的上下游脱节，影响正常的煤矿生产，造成生产事故或经济损失。二是托管职责边界不清，委托方与受托方出现真空，或职能重叠，合同约定与实际操作出现偏差而没有及时弥补，形成不必要的损失；三是托管设备管理控制系统与区域设备监管中心和所属煤矿信息系统不能形成有效对接，或不能有效应对特殊情况；四是设备日常检修质量管理出现偏差，检修管理、故障管理出现问题；五是托管设备的煤矿实施技术改造或其他变更，改变设备托管的假设条件；六是煤矿生产出现突发事故，甚至难以抗拒的力量，导致托管终止；等等。

在诸多运行管理风险中，安全生产风险是煤矿设备托管所独有的风险。煤矿属于高风险行业，当出现大的安全事故时，神东集团设备中心作为受托方要承担设备的安全管理风险，保证托管设备的产权完整性通常是煤矿设备托管的重要考虑因素，尤其是一些大型煤矿开采设备。

3. 信用财务风险

信用财务风险是指托管当事人各自所承担的对方不能全部、按时履行合同的风险，对受托方而言，其所承担的信用风险比较集中，主要表现在当委托方不能按时提供规定质量和数量的托管标的物时，影响了受托方按计划实施项目及生产的正常进行，延缓和阻碍了经济效益的实现。委托方的信用风险则主要表现在如下方面：一是受托方不能按时、按量缴纳基本收益；二是受托方在托管期间对托管设备不能进行正常的维修和保养；三是受托方不能按时、按质、按量返还租赁标的物。

在开展煤矿装备托管运营业务之前，必须对托管企业设备管理系统进行技术、设备、管理的改革，以此来提高托管煤矿的生产能力与效率，而这些都必须以巨额的资金投入作为保障，使得设备中心的财务承受着巨大的压力。同时，还必须考虑设备管理的运营成本等因素，如果在高成本下运行，势必会造成托管煤矿经营的亏损，使得前期的投入无法收回，从而带来巨大财务风险，不利于业务的拓展。因此，经营托管煤矿就必须充分了解托管企业的总体经营状况及发展前景，采取合理的手段进行成本分担，降低生产成本等，以确保在巨大的资金投入后得到很好的收益。

4. 政策与法律风险

煤炭设备有偿托管在国内还属新兴行业，大规模的设备托管并未全面展开，相关法律法规不健全，存在监管缺位的问题。设备托管和租赁企业打政策擦边球的行为有其存在的空间，在出了问题后往往得不到利益保护，从而有遭受损失的风险。

法律风险是指金融法制还不健全，法律与法律之间、法律与政策之间经常出现不一致或不断变化，使委托人、受托人的权益得不到保护或不能稳定的风险。

法律制度的不完善或执法不严，还可能出现地方政府干预，影响租赁当事人的正常权益关系。如在委托人和受托人的破产或诉讼执行中，地方司法部门可能偏袒本地方一方，牺牲对方利益；在国际业务中，司法部门可能出于外交政策或其他特殊原因，干预托管业务的某些环节。

7.5.2 风险防范措施

当企业正式对煤矿进行托管经营，先进的技术、设备及管理理念成为托管取得快速发展的重要保障。需要从三方面展开工作：一是要将其所拥有的先进的生产技术应用到设备运行管控当中，降低企业的生产损耗，从根本上节约生产成本，促进企业的良好发展；二是要加大资金投入，引进先进的资金、装备和手段参与设备运行管理，使生产效率得到提高；三是建立健全设备运行管理体制，实现区域管理中心、托管企业的管理协同，建立合理的激励措施，如建立奖罚机制，对生产中认真负责的工作人员进行奖励，以此来提高员工的工作积极性，促使员工以饱满的热情投入生产中，从而提高煤矿的生产效率，为企业在经营托管煤矿装备的过程中创造更多的财富收益。

为了规避政策与法律风险，开展煤矿装备托管运营业务之前，应当了解和熟悉政策，在大政方针上应当与政策导向保持一致；及时妥善利用好对托管经营有利的政策，争取政府的支持，以便得到更多的有利于托管业务发展的政策。

对托管煤矿的盈利能力和价值链进行分析。托管煤矿的盈利能力是企业评估的一项重要内容。企业应当将托管煤矿的年收益扣除各种费用及所缴税金，得到托管煤矿的年净利润。同时，还要详细地了解托管煤矿的产品销售规模、产品在市场中的竞争力等，以此来反映企业在没有税务结构和资本结构的影响下的经营收益。通过价值链分析，发现设备管理在煤矿经营中的价值，形成不同生产经营状况下的设备管理的价值体现。

为避免运营管理风险，应严格执行煤矿装备托管流程，认真履行合约，只有委托方与受托方都严格按流程办事，按合约实施，按生产规程操作，运行风险将大大降低。此外，还应在优化管理流程，强化信息沟通等方面开展工作，提高应对风险的能力。

8　煤矿装备数字化运维业务模式

8.1　数字化运维概述

8.1.1　数字化运维服务定义

运维，即运营与维护。运营是指通过各种策略和方法，在企业内部负责有效的管理和协调各项业务活动推进企业的产品、过程和服务，以实现企业的目标和增加价值的职能部门或角色。通俗来讲，运营可以理解为"去运作某件事情"的意思，也就是说企业或产品要实现某种目标，其核心任务是通过有效的资源配置、市场营销和用户关系管理，推动公司的业务增长。维护是针对煤矿装备的维护，包括维修与保养，是一种为防止设备性能劣化或降低设备失效的概率，按事先规定的计划或相应技术条件的规定进行的技术管理措施。维护通常分为事后维护、预防维护、生产维护、全面生产维护、预测维护以及基于状态的维护等方面，包含设备的清扫、润滑、堵漏、紧固等步骤。

随着煤矿行业的智能化发展与信息化时代的到来，各种煤矿装备的数量与种类不断提升，需要解决的煤矿装备运维的问题也随之成倍增多。传统运维以人工和经验为主要手段，在问题出现后才开始解决，并且负责各个装备或零部件运维的通常是不同的厂家，传统运维过程具有响应速度慢、业务覆盖窄等缺点，一直是煤矿装备及时运维的隐患。一旦装备出现运维需求，在运维的其中一个环节的处理或响应出现问题，则会影响煤矿企井下开采与运输工作的正常运行，导致时间、人力、物力、财力的损失，甚至需要面临停产的窘境。为了跟上科技发展与时代的进步，煤矿装备运维业务逐渐向数字化运维方式发展。

所谓煤矿装备的数字化运维，就是和传统意义上的运维区分开来，基于煤矿装备全生命周期智能维护与健康管理系统，将所有的煤矿装备在平台上进行数字化统计与管理，方便煤矿装备的日常购买、检修、维护、更新、替换、搬家等操作。煤矿装备数字化运维是一个集成多学科、多主体、多维空间信息的复杂系统，是矿产资源开采过程中所涉及装备的各种动态、静态信息的数字化管理、智能化分析和可视化展示。

8.1.2 煤矿装备数字化运维发展背景

党的十九大报告明确提出"加快建设制造强国，推动互联网、大数据、人工智能和实体经济深度融合"。智能化是矿山高质量发展的必由之路，2020年由国家发展改革委、能源局等联合印发的《关于加快煤矿智能化发展的指导意见》提出，"加快推进矿山智能化建设，形成全面感知、实时互联、分析决策、自主学习、动态预测、协同控制的智能系统，实现煤矿开采过程的智能化。"在矿山智能化发展的道路上，矿山装备的数字化运维成为智慧矿山的关键。目前我国矿山装备与生产运营状态差异较大，管理模式各异，先进技术与传统方法交叉，设备运维效率较低，从而造成生产效率低下。在互联网时代发展的背景下，传统的实体运维已无法满足矿山进行智能化改造的需要，煤矿装备数字化运维的发展势在必行。

8.1.3 煤矿装备数字化运维意义

矿山装备数字化运维的本质是，利用智能感知设备，对矿山运行过程中全要素数据进行智能化采集，并通过网络传输层实现设备间数据的互联互通，形成高效的数据采集体系；然后，通过数据融合方法对采集到的设备、人员、作业环境等数据进行清洗、处理和计算，形成智慧矿山装备数字化管控体系，从而实现矿山装备作业的智能化、可视化以及安全生产管理的一体化。基于物联网进行矿山装备数字化运维，能够实现对矿山装备的智能识别和全面管控；同时，运用三维重建技术，对矿山装备进行全方位的监控和调度，构建综合管理平台，实现安全生产过程的优化；对生产过程的因素进行综合分析，可以提升精细化管理水平，降低事故发生频率，从而推动矿山装备的智能化改造。

采用互联网技术对设备进行维护将降低运维成本，运维专员根据系统所提示设备健康状态针对性进行巡查，能有效降低设备故障率、减少设备停机时间和提高设备使用寿命；在建立专家故障经验库的情况下，运维专员在设备故障时能够根据故障产生现象检索故障案例，以专家经验为指导明确故障原因快速进行处置，提供工作质量及工作效率；在电子化、信息化的基础上，设备资产清点，信息维护也变得更加容易。

煤矿装备的数字化运维是为了保证煤矿装备的安全、稳定运行而存在的，其职责覆盖了煤矿装备从设计到发布、运行维护、变更升级等方面，有效提高管理效率、决策效率、运维效率。因此，矿山装备数字化运维业务对推动矿山产业的绿色智能发展具有重要意义。

8.2　煤矿装备数字化运维业务体系

8.2.1　数字化运维实现功能及特点

煤矿装备数字化运维业务是基于设备全生命周期管理系统,依据数据中心所建立的。煤矿行业数据中心是煤矿行业信息的命脉,数据是矿业信息化的基础,数据中心是数据的"中心",因此也必然是运维业的"中心"。中心一体化思想、全局运维、全生命周期管理的大局观是支撑数据中心良性运维工作开展的基础。随着煤矿行业信息化水平的不断提高、对数据中心运维业务管理需求的不断提高,可靠的一体化、全生命周期运维工具将成为数据中心实现其价值使命的必要手段。该系统如图 8-1 所示。

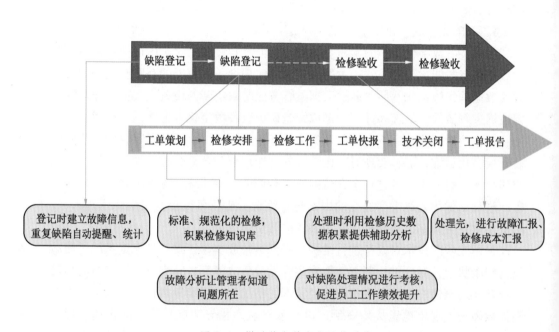

图 8-1　煤矿装备数字化运维系统

在全生命周期管理系统和数据中心的支持下,数字化运维能实现的主要功能有:

1. 煤矿装备的全生命周期智能运维

基于数据中心建立煤矿设备全生命周期智能维护与健康管理系统,包括设备信息管理、购置管理、使用管理、维护管理、维修管理、再制造管报废管理和业务分析与预警管理等 8 个模块,构成了煤矿设备全生命周期管理模型，为区队专业执行人员提供了规范作业平台，为机电设备管控人员提供了有效的管理抓手，为主管领导提供了有效的管理决策支撑。针对煤矿设备完成电机、轴承、齿轮、转子等设备故障机理建模，形成知识库。建立设备远程诊断模式，让装备检修人员不需下井也能及时发现装备故障和劣化趋势。分为矿方侧与集团侧两部分。其中，集团侧主要为应用层与平台层，为该系统底层逻辑的编写者与维护者。矿方侧则偏向于实际应用，分为应用模块、矿侧工业互联网平台与煤矿装备管理三部分，能够基于工业互联网平台与安全生产信息共享平台完成在线应用，为煤矿装备数字化运维提供了有效保障。

2. 煤矿装备虚拟铭牌管理功能

装备铭牌是一项重要的标识和记录信息的工具，具有设备名称、型号、序列号、生产日期、维修保养记录等重要信息。基于统一设备编码标准设置虚拟铭牌管理系统，将设备的信息通过数字化的方式保存在数据中心，在有运维需求时能够在数据中心中获得设备主要信息，快速响应设备的运维（保养、修护等）方面的历史记录与指南，并完成煤矿装备的溯源和追踪，可以大大提高其运维管理的效率和准确性。并且，设备虚拟铭牌可以与企业设备管理系统进行数据同步，实现设备信息的动态更新，使管理人员可以随时获取设备最新的信息为煤矿装备数字化管理带来了智能化和高效率的选择。

3. 煤矿装备状态感知自主运维决策功能

在煤矿智能化发展过程中，对于煤矿装备的可靠性要求会更高，装备运维决策的要求也会随之提高，制造企业、设备管理信息化厂商、预测性维护服务厂商都将参与到设备运维管理的整体环节中。预测性运维是以状态感知为依据的，是通过全生命周期管理系统对设备进行连续在线的状态监测及数据分析，诊断并预测煤矿装备故障的发展趋势，提前制定预测性运维计划并实施检维修的行为。总体来看，预测性运维能够全面考虑设备状态监测、故障诊断、预测、维修决策支持等设备运行维护的全过程，具有强大的数据采集分析处理、数据可视化、装备运维、故障诊断、故障报警等功能。因此，在数字化运营过程中，通过实时监测查看、统计、追溯，实现对煤矿装备的实时监测和运行维护，基于运行信息和检修信息、自动生成设备管理报表，实现设备可靠性、故障数据、更换备件等信息统计，能够及时制定运维方案，做到预测性运维决策。

数字化运维具有以下优势特点：

1）数字化

传统意义上的运维，往往局限在业务层面和主数据层面。然而，煤矿装备本身并不是孤立存在和使用的，装备与装备之间的生产过程相似度以及相互影响度是其能否正常运行的影响因素之一。同时，随着设备的大量使用，越来越多的设备传感器产生的实时数据对构建现场数字化运维提供了可能性。这一切都使得煤矿装备运维的数字化基础并不是仅仅停留在对过去状态的分析，而应该包含设备的全生命周期管理。

煤矿装备全生命周期管理平台的数字化，除了能通过手机、电脑、平板等装置快速查看传统设备管理软件能够提供的各类信息，如采购日期、供应商、维修记录、保养记录、保养周期等内容；还可以实现设备的各类过程信息实现全程可追溯，如用于记录工件信息和加工参数的工况类信息，用于影响因素、过程参数、环境参数等设备健康评估的状态类信息。

2）主动化

装备全生命周期管理工作中，装备维护管理是很重要的一环。通过预防性的分析和预警，一方面可以帮助维修技术人员提前安排一些重要的预防维修措施，以防止宕机的情况出现；另一方面通过对预防维护的智能调度，企业可以有充分的时间为设备升级或更新做准备。

装备全生命周期管理平台的主动式维护，依托于实时准确的数据采集技术，检测装备、部件的运行状态，对装备的运行状态和生命周期使用寿命进行统计，对异常装备和接近使用寿命的装备进行预警处理。通过智能分析装备运行的数据，为装备维护管理人员提供精确维修对策方案选项，真正减少不可预测因素对生产的影响，如装备性能劣化、精度衰减、能力损失、结构性偏差、自然老化等，彻底改变被动等待维修，实现由经验性维修到预防性维修的转变。

3）可视化

装备全生命周期管理平台的可视化，具体包括可视化装备建模、可视化装备安装管理、可视化装备台账管理、可视化巡检管理等内容，表现为对煤矿装备进行几何建模，可以直观、真实、精确地展示装备形状、装备分布、装备运行状况，同时将装备模型与实时、档案等基础数据绑定，实现设备在三维场景中的快速定位与基础信息查询。

借助设备的全生命周期管理平台，开展煤矿装备数字化运维，使得企业管理人员能够实现设备的闭环管理，让设备在恶劣的工作环境和激烈的市场竞争中始终保持良好的生产状态，最大化地发挥效能，为企业节省时间成本、创造利润。

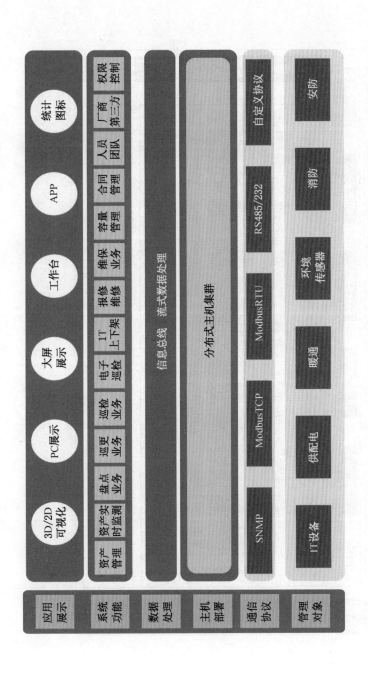

图 8-2 煤矿装备数字化运维系统架构

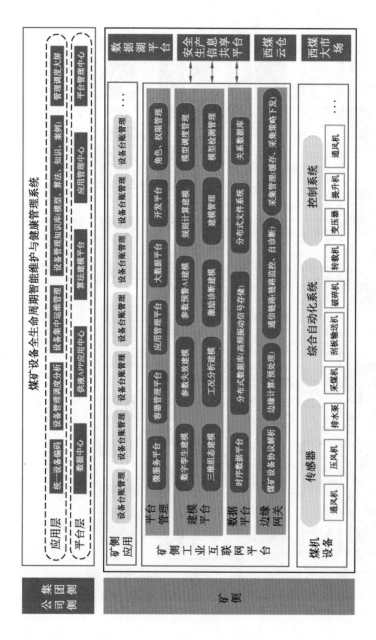

图 8-3　煤矿装备数字化服务运维流程

8.2.2 数字化运维系统架构

煤矿装备数字化运维系统是针对煤矿行业数据中心运维业务全过程管理为目标的一套智能化系统，煤矿智能 AI 运维系统以资产为核心，对资产进行有效管理、对资产进行实时监测、对资产开展规范运维、对数据中心的各方人员进行管理和辅助，助力煤矿行业数据中心安全、稳定地运行，为煤矿生产提供信息安全保障。系统设计采用一体化运维思想，整合数据中心各类资产，打破数据孤岛和边界，让所有数据、信息能够统一化、标准化，不同数据之间能够交互、计算，达到各类便捷化运维手段和数据价值。系统通过内嵌运维体系方法，以标准化的运维手段开展数据中心各类运维业务，达到运维标准、运维规范、运维高效的目的。系统通过搭建可靠、高效的系统架构，打造一套不但能向下接入，更能够通过打造好的底层基础面向未来向上成长的平台，满足煤矿行业日益增长的运维标准化需求和信息化需求。煤矿装备数字化运维系统架构如图 8-2 所示。

8.2.3 数字化运维服务流程

煤矿装备数字化服务运维流程如图 8-3 所示。

8.3 煤矿装备数字化运维保障体系

8.3.1 设备全生命周期管理体系构建（溯源系统）

煤矿设备全生命周期管理从煤矿装备计划管理开始，包括确定装备的具体数量及型号，开展购置计划、基于煤矿装备融资租赁开展租赁计划以及其他计划等；进而为煤矿装备选型配套，针对煤矿企业的工况选择合适的煤矿装备，购买或租赁并完成装备的验收；在煤矿装备使用过程中展开定期维修或项目管理，对退役煤矿装备进行再制造或更新升级，再次投入煤矿生产中；租期结束或装备达到使用寿命，对其进行回收或报废并记录。煤矿装备全生命周期管理体系框架如图 8-4 所示。

8.3.2 煤矿装备数字化运维关键技术支撑

1. 物联网技术

煤矿数字化运维需以"互联互通"的智能运维系统为载体，通过物联网技术可为各种煤矿装备和传感器提供统一的数据接入标准和通信协议规范，打通信息孤岛，使得"人-机-环-管"多源感知信息能够有效汇集，为煤矿装备的资产管理、状态感知、巡检业务、保修维修、图表统计、溯源等功能提供信息支撑。通过设计矿山物联网融合通信网络服务架构，构建了矿山物联网大数据高效接入与深度分析应用服务体系，可实现煤矿装备数字化运维的全面管理、实时交互、智能分析与辅助决策等功能，大幅度提高运维效率，降低运维难度，减少人员投入。

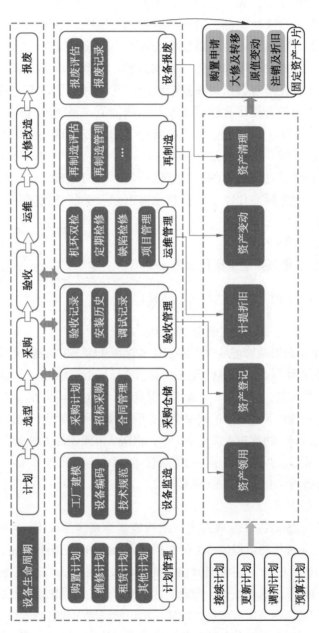

图 8-4　煤矿装备全生命周期管理体系框架

2. 大数据分析技术

在煤矿装备数智化快速发展阶段，随着智能传感技术的进步，用于煤矿装备生产运行状态监测的传感器种类和数量呈爆炸式增长，采用大数据分析技术来实现煤矿装备数字化。大数据分析技术对这些海量多源异构数据进行集成分析和数据价值挖掘，实现煤矿装备数字化，对设备信息和运行参数进行汇集，把设备管理多个方面的工作都纳入系统中并进行处理，避免因手工处理带来的烦琐和误差。

3. 智能决策技术

面对日益庞大的煤矿智能化系统大数据，需要占用超大规模的存储空间和计算资源，尤其煤矿装备实现智能运维，对算力和时效性有着更高的要求，传统的终端处理模式显然已不能满足发展需求。云计算是一种提供算力资源的网络，拥有强大的并行计算机分布式计算能力，具有虚拟化、大规模、高可靠、通用化及高可扩展性等特点，为充分利用好矿山物联网的海量数据提供了计算支撑。此外，通过引入设备预知性维护决策为核心的智能化维护策略与方法，基于数据分析与推理技术科学构造预知性维护决策模型，将设备状态数据与企业可视化平台互联互通，提供决策依据。

煤矿装备再制造业务模式

9.1　煤矿装备再制造的内涵

9.1.1　煤矿装备再制造的概念与发展背景

1. 煤矿装备再制造概念

再制造（Remanufacture）就是让旧的机器设备重新焕发生命活力的过程。它以旧的机器设备为毛坯，采用专门的工艺和技术，在原有制造的基础上进行一次新的制造，而且重新制造出来的产品无论是性能还是质量都不亚于原先的新品。从科学角度来看，再制造是一种对废旧产品实施高技术修复和改造的产业，它针对的是损坏或将报废的零部件，在性能失效分析、寿命评估等分析的基础上，进行再制造工程设计，采用一系列相关的先进制造技术，使再制造产品质量达到或超过新品。

再制造作为一种面向循环经济的环保型先进制造工程，在工业发达国家已经受到高度的重视，其作用在于它不但可以推动经济的发展，还可以对社会可持续发展、资源循环利用和环境保护起到积极的作用。再制造是对功能过期但不一定失效的废旧产品重建其功能和物理属性的一个过程，最大限度地回收废旧产品中的附加值，是节约能源资源、节约材料、保护环境的重要途径，是再循环的最佳形式。再制造是对退役产品的全生命周期的维护，也是对零部件功能的修复或改造，存在于产品生命周期中的每一个阶段（图 9-1）。

煤矿设备再制造是建立在设备全生命周期理论基础上，通过先进技术和产业化生产方式，将废旧、失效、报废的煤矿设备零部件，经过再制造技术加工处理，实现零部件产品性能、质量再提升，以重新投入正常的运行中为目标。煤矿装备再制造是指以先进的再制造加工技术和产业化生产为手段，对废旧产品和煤机设备零部件进行修复、改造的技术、工程或生产的总称。

由于煤矿设备的使用环境恶劣、工况苛刻，大量零部件工作表面容易因磨损失效而造成单个零部件或整机的报废。再制造可以使得磨损表面得到修复，恢复零部件使用性能。通过再制造技术，制造企业可以减少制造成本，节能、节材和

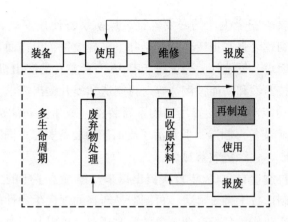

图 9-1　煤矿装备再制造流程

保护环境。再制造的主要特点：再制造产品在产品功能属性、技术性能指标、能源消耗、环保、经济指标等方面不低于原型新品。再制造的经济效益、社会效益和生态效益显著。通常再制造产品不仅可降低成本 50%，能源消耗减少 60%，材料节省 70%，几乎不产生固体废物，大气染物排放量能够降低约 80%。煤矿装备再制造业务是煤矿设备资源化的最佳形式和首选途径，可以最大限度地利用废旧资源中蕴含的价值，有利于缓解资源和能源不足的矛盾。

2. 煤矿装备再制造发展背景

2005 年 11 月，国家发展改革委等六部委联合印发了《关于组织开展循环经济试点（第一批）工作的通知》，其中再制造被列为四个重点领域之一。2009 年出台的《中华人民共和国循环经济促进法》明确指出："支持企业开展机动车零部件、工程机械、机床等产品的再制造"。2010 年，国家发展改革委、科技部、工信部、公安部、财政部、商务部等 11 个部委联合下发《关于推进再制造产业发展的意见》也明确指出："组织编制再制造产业发展规划、制定发布《再制造产品目录》、推动再制造产业发展"。"十二五"规划纲要也明确"要把再制造产业化作为循环经济的重点工程之一"，指导全国加快再制造的产业发展，并将再制造产业作为国家新的经济增长点予以培育。2011 年，工信部发布的《2011 年第一批再制造产品目录》明确认定矿山机械零部件再制造产品。随着我国进入机械装备报废的高峰期，再制造产业在社会、资源、环境效益等方面的优势决定了发展再制造产业势在必行。2021 年 7 月 1 日，国家发展改革委印发《"十四五"循环经济发展规划》。《规划》明确指出，"支持隧道掘进、煤炭采掘、石油开采等领域企业广泛使用再制造产品和服务"。

矿山机械是煤矿安全生产的必要保证，煤矿装备使用率高，要求安全系数大，在使用年限到达时强制报废。特别是井下采掘设备，工作面条件恶劣，装备磨损快，维修周期短。据统计，全国每年有 15 万台左右的矿山机械以各种形式，如报废、闲置、技术性和功能性淘汰等对再制造和提升提出需求。再制造一台矿山装备（或主要功能部件）的费用比购置新装备（或主要功能部件）节约 40% 至 50%，因此煤矿装备再制造不但盘活了废旧矿山装备资源，同时还将节约大量的煤矿装备制造成本，经济效益显著。

矿山设备的再制造自 2007 年首次提出以来，经过了多年的发展，现在已初具规模。中国再制造技术进步显著，再制造是新兴的现代生产性服务业，发展潜力巨大，再制造产业作为延长产业链条的重要环节，可以与金融产业、现代服务业有机结合，形成"制造—租赁—再制造"的产业循环。

9.1.2　煤矿装备再制造的特征与技术门槛

1. 装备再制造特征

1）再制造具有可持续性

再制造后的产品质量和性能不低于新产品，而成本只是新产品的 50%，节能 60%，节材 70%，对环境的不良影响显著降低。再制造的本质是修复，但它不是简单的修复。再制造的内核是采用制造业的模式搞维修，不仅是一种高科技含量的修复技术，而且是一种产业的修复，因而再制造是维修发展的高级阶段，是对传统维修概念的一种提升和改写。

再制造一般要经过拆解、清洗、检查、分类整理、翻新、恢复、维修、装配等工序。再制造是制造，但它不同于传统的制造，它在生产的组织、管理和计划等方面大大不同于传统制造，主要有以下特点：

（1）原料返回在时间和质量上的不确定性。

（2）返回与需求之间平衡的必要性。

（3）返回产品需要拆卸、分解。

（4）材料的不确定性。

（5）需要逆向物流网。

（6）材料匹配限制的复杂性。

（7）材料和高度变化的加工、恢复、修理时间等的随机性。

2）再制造与维修的区别

（1）二者的加工规模不同。维修一般针对单件或小批量零件，而再制造以产业化为主，主要针对大批量零件。

（2）二者涉及的理论基础不同。维修更多地关注单一零件的技术基础研究，而再制造还需进行批量件的基础理论研究。

（3）二者的维修效果不同。维修常具有随机性、原位性、应急性，修复效果难达到新产品水平，而再制造是按制造的标准，采用先进技术进行加工，经再制造的产品性能、质量不低于甚至高于新产品的性能与质量。

3）再制造与制造的区别

再制造是相对制造而言的。制造是将原材料加工成具有一定功能的产品，再制造是在这种产品到达寿命后，使其性能和保质期恢复到新品水平的加工过程。二者主要区别如下：

（1）二者的过程输入不同。制造过程的输入为毛坯件或其他原材料，毛坯初始状态相对均质、单一，毛坯表面是无油污的；再制造过程的输入为退役产品或零部件，其初始状态可能有裂缝、残余应力、变形等缺陷，即再制造过程的输入件表面可能有油污、锈蚀层、硬化层。

（2）二者的质量控制手段不同。产品制造过程中对零件进行寿命评估和质量控制已较为成熟；而再制造过程中因输入的是退役产品或零部件，其损伤失效形式复杂多样，且残余应力、疲劳层等的存在，导致寿命评估与服役周期复杂难测，同时再制造过程的质量控制也很困难。

（3）二者的加工工艺不同。产品制造过程中其尺寸精度与力学性能是统一的；再制造过程中退役零件的尺寸、形状、表面损伤程度各不相同，又必须在同一生产线上完成加工，因此需要采用更先进的加工工艺，增加自适应性与柔性，才能高质量地恢复零件的尺寸精度与性能要求。

2. 装备再制造技术门槛

由于煤矿装备自身的特性，并不是所有的煤矿装备都适合再制造业务，所以对于再制造业务有一定的技术门槛。首先，必须考量再制造产品的经济性。如果产品价值或所耗费的资源十分低廉，就失去了再制造的价值。其次，需要考量再制造产品的可行性。这里有两个门槛，一个是技术门槛：再制造不是简单的翻旧换新，而是一种专门的技术和工艺，而且技术含量较高。另一个是产业化门槛：再制造的对象必须是可以标准化或具有互换性的产品，而且技术或市场具有足够的支撑，使得其能够实现规模化和产业化生产。第三，还需考量再制造对象的条件。比如它必须是耐用产品且功能失效必须是剩余附加值较高的且获得失效功能的费用低于产品的残余增值等。

9.2 煤矿装备再制造业务流程

9.2.1 装备性能评估

产品的可再制造性是与产品再制造最为密切的特性，是直接表征产品再制造能力大小的本质属性。可再制造性是由产品设计所赋予，可再制造性越好，再制造费用就越低，对节能、节材、保护环境的贡献就越大。判断一个产品是否具有可再制造的价值并进行可再制造，是对这个产品进行再制造的前提。正确有效地评价产品在其生命周期结束或即将结束时的可再制造性可以有效且及时评判产品是否值得进行再制造，为企业管理与决策实施提供了显著的帮助。

煤矿机械装备再制造业务在我国属于一个较新的探索领域。当废旧煤矿装备送至装备再制造工厂后，首先要对该装备进行评估，从价值成本、装备当前的适用性、再制造性等方面判断其能否进行再制造以及再制造价值的大小，结合技术、经济、环境等多种综合因素分析后，确定其具有通过维修或改造恢复或超过原煤矿装备性能的能力。煤矿装备性能评估是煤矿装备进行再制造的首要前提，是煤矿装备再制造过程开始前必不可少的一环。

9.2.2　再制造过程

根据再制造企业的技术水平、目标对象的损坏情况以及各种再制造技术的技术、经济和环境特性选择适宜的再制造技术。根据所选的再制造技术，进行目标对象的再制造。再制造一般包括七个步骤：产品清理（清洗）、目标对象拆解、清洗、检测、再制造零部件分类、再制造技术选择、再制造。

1. 产品清理（清洗）

产品清理是再制造工程的重要步骤，其清洁度对于产品性能的检测、再制造目标对象的准确确定等非常重要。要采用高效、安全的压力清洗工具。

2. 目标对象拆解

煤矿设备大都在比较恶劣的工况中长期运行，磨损、腐蚀、锈蚀、变形、断裂等都是经常遇到的问题，煤矿设备整机及零部件的拆解直接关乎这些再制造零部件的加工效率和再利用价值。具体拆解方法为：分析产品零部件之间的约束关系，确定目标对象的拆卸路径、拆卸工具，完成目标对象拆卸。

3. 目标对象清洗（喷砂）

对出井的煤矿设备、地面需要维修的煤机设备拆解前和拆解后的零部件进行清洗. 对这些零部件及整机的绿色清洗，是废旧零部件再制造过程的重要环节。根据目标对象的材质、精密程度、污染物性质不同，以及零件清洁度（去残余应力）的要求，选择适宜的设备、工具、工艺和清洗介质，对目标对象进行清洗（喷砂）。一般采用先进的无损喷丸清洗技术、自动化超声波清洗技术、热膨胀不变形高温除垢技术等对煤矿设备零部件进行无损伤清洗。

4. 目标对象检测

目标对象检测不仅影响再制造的质量，也影响再制造的成本。常用的检测内容和方法有：

（1）零件几何形状精度。包括圆度、直线度等。

（2）零件表面位置精度。包括同轴度、对称度等。

（3）零件表面质量。包括有疲劳剥落、腐蚀麻点、裂纹与刮痕等。裂纹可采用渗透探伤、磁粉探伤、涡流探伤以及超声波探伤等。

（4）零件内部缺陷。包括裂纹、气孔、疏松、夹杂等，主要用射线及超声波探伤检查，对于近表面的缺陷，也可用磁粉探伤等。

（5）零件机械物理性能。包括硬度、硬化层深度。

（6）零件重量与平衡。有些零件如活塞、活塞连杆组的重量差需要检测；有的零件如曲轴、飞轮轴、电机转子等需要做动平衡检查。

5. 再制造零部件分类

再制造零部件应根据其几何形状、损坏性质和工艺特征的共同性分类。零件分类的目的主要有：

（1）用以制定典型工艺过程和成组工艺过程。

（2）确定通用的再制造设备，以再制造成组的类似零件。

（3）合理组织工作地点。

（4）对相同和类似的零件进行再制造时，消除定额指标差异。

（5）使得统计、计划生产及其他作业实现机械化。

（6）建立合理的车间内和车间之间的运输图。

（7）对再制造企业的零件再制造工段和车间选择最佳的生产组织结构。

综上所述，再制造零件的分类为再制造企业采用大批量或批量方法实现再制造提供了条件。

6. 再制造技术选择

根据再制造企业的技术水平、目标对象的损坏情况以及各种再制造的技术、经济和环境特性选择适宜的技术。

7. 再制造、修复

针对不同的零部件，采用特殊的修复工艺，进行批量化修复和性能升级，而对于不可修复的零部件，需要用新零件来替换。目前，在煤矿设备零部件再制造过程中，较多地采用了诸如堆焊、补焊、电镀、电刷镀、激光熔覆等较为成熟的表面修复技术，另外，随着新材料、新技术、新工艺不断发展进步，如纳米等离子喷涂、高速电弧喷涂等先进的加工技术，都将在煤矿设备再制造过程中发挥积极的作用。根据所选择的再制造技术，进行目标对象的再制造。

9.2.3 装备检验与交付

在完成装备再制造流程后，需要参照新品或既定标准，对再制造的装备进行整体性能测试，确保检查装备能够达到进入市场的标准。对通过性能测试的煤矿设备零部件进行装配，投入使用。

9.3　煤矿装备再制造保障体系

9.3.1　装备再制造标准

以国家发布的行业标准为主，主要包括：

（1）《再制造　节能减排评价指标及计算方法》（GB/T 41350—2022）。

（2）《再制造　机械产品质量评价通则》（GB/T 41352—2022）。

（3）《再制造　机械产品寿命周期费用分析导则》（GB/T 41353—2022）。

（4）《再制造　机械产品装配技术规范》（GB/T 40727—2021）。

（5）《再制造　机械产品修复层质量检测方法》（GB/T 40728—2021）。

（6）《再制造　激光熔覆层性能试验方法》（GB/T 40737—2021）。

（7）《破碎设备再制造技术导则》（GB/T 37887—2019）。

（8）《再制造　电弧喷涂技术规范》（GB/T 37654—2019）。

（9）《再制造　等离子熔覆技术规范》（GB/T 37672—2019）。

（10）《再制造　电刷镀技术规范》（GB/T 37674—2019）。

（11）《全断面隧道掘进机再制造》（GB/T 37432—2019）。

（12）《再制造　机械产品表面修复技术规范》（GB/T 35977—2018）。

（13）《再制造　机械产品检验技术导则》（GB/T 35978—2018）。

（14）《机械产品再制造工程设计　导则》（GB/T 35980—2018）。

（15）《再制造　机械零件剩余寿命评估指南》（GB/T 34631—2017）。

（16）《再制造　机械加工技术规范》（GB/T 33947—2017）。

（17）《再制造　机械产品清洗技术规范》（GB/T 32809—2016）。

（18）《再制造　机械产品拆解技术规范》（GB/T 32810—2016）。

（19）《机械产品再制造性评价技术规范》（GB/T 32811—2016）。

（20）《再制造　毛坯质量检验方法》（GB/T 31208—2014）。

（21）《机械产品再制造质量管理要求》（GB/T 31207—2014）。

（22）《机械产品再制造通用技术要求》（GB/T 28618—2012）。

（23）《再制造　术语》（GB/T 28619—2012）。

（24）《再制造率的计算方法》（GB/T 28620—2012）。

（25）《再生利用品和再制造品通用要求及标识》（GB/T 27611—2011）。

9.3.2　关键技术支撑

再制造技术是以表面工程技术为基础，以节能、节材和环保为目的，对报废的零部件进行检测、修复，使其性能达到和超过原有性能，以得到重新使用的现代制造技术。在再制造先进技术方面，已形成寿命预测技术、绿色清洗技术、修复技术、表面工程关键技术等多种再制造技术手段，为保障煤矿装备再制造业务提供了强有力的技术支撑，同时方便建设多种技术为一体的再制造全生命周期制造体系。对于煤矿装备，再制造所用的主要关键技术包括：

1. 面向煤矿装备再制造的设计方法

对废旧煤矿装备再制造系统进行总体设计，包括再制造系统的组成、建立及其运行规律的设计，进行再制造生产工艺设计，实现装备再制造的综合效益最大化。影响再制造设计的因素很多，需全面考虑产品毛坯材料的选择、零部件可拆卸性和可再制造性等要求。

2. 无损拆解和绿色清洗技术

根据煤矿装备在矿井服役时的不同工作状态、使用情况以及零部件的不同材料特性，研究并制定其无损拆解和绿色清洁预处理技术与工艺，以实现对需要再制造零部件的高效、清洁和低成本预处理。主要技术方法包括：通过三维结构建模、力学分析及产品结构干涉分析等方法，进行面向再制造产品无损拆解；采用非化学清洗方法去除零部件表面污染物，通过软质磨料喷砂清洗、超声清洗及高压水射流清洗等技术去除零件表面的氧化物、积碳和油污等污染物；根据综采设备不同的结构及使用情况，确定不同的无损拆解和绿色清洗工艺。例如，以煤矿综采成套装备为对象，以附加值高、易磨损失效、结构复杂、零部件种类繁多的采煤机箱体，液压支架结构件、立柱千斤顶，刮板输送机中部槽、减速器、电动机等关键零部件的再制造工艺路线为主体，根据零部件的不同工作状态和使用状态，以及零部件的材料特性，研究其绿色清洁预处理技术与工艺，为液压支架立柱、刮板输送机中部槽、减速器及电动机典型零部件的进一步检测和再制造修复处理提供良好的基础。

3. 煤矿装备重点零部件检测与剩余寿命评估技术

针对再制造设备中典型轴类、齿类、转子以及薄壁类的零部件磨损、变形、裂纹、焊缝开裂及应力变化等缺陷，研究其检测方法和变化规律；通过国外先进的有限元分析软件重点零部件进行应力变化及寿命评估分析，建立典型零部件的检测标准和评价规范，确定产品的应力部位及剩余寿命，进行典型零部件剩余寿命评估模型的技术研究和设备开发，为产品的再制造方案提供高可靠性价值依据。

4. 故障诊断技术

随着"状态监测+故障诊断+主动预防性维修"的大力推广，以及我国煤矿装备朝着机电液一体化技术的发展趋势，必然要求有先进而可靠的故障诊断技术。通过利用先进的故障诊断仪，在采煤机和减速器等关键部件上，加大其运行的故障分析、记录与传输，为矿方及山能机械实时传输重要的运行数据参数，分析其可靠性运作参数，从而更加可靠地保证煤矿生产与安全运行。

5. 关键零部件的先进再制造技术

针对不同的煤机关键零部件，在经过无损检测与剩余寿命评估分析之后，通过一系列的再制造工艺与材料、结构与性能的研究，得出煤矿综采设备零部件中典型轴类、箱体类件的各种失效形式下的最佳工艺方法及参数，确定关键零部件的再制造工艺，借助激光熔覆再制造、等离子熔覆再制造、纳米颗粒复合电刷镀及高速电弧喷涂等先进再制造技术及设备，完成关键零部件的高性能再制造，从而满足设备批量的再制造。

6. 表面工程关键技术

为了更好地适应再制造的产业化要求，表面工程技术必须从手工操作发展到自动化操作，开发了自动化表面工程技术，进一步提高了表面涂层的性能和再制造质量。自动化纳米颗粒复合电刷镀技术适用于损伤超差较小、对配合度要求较高的零件的再制造；自动化高速电弧喷涂技术适用于结构形状较简单，磨损、腐蚀超差较大，以及对修复效率要求较高的零件的再制造；自动化微弧等离子熔覆技术适用于结构形状较复杂，结合强度要求高的重要零件的再制造；自动化激光熔覆技术用于结构较复杂、要求冶金结合高、抗疲劳性能好的关键零件再制造。

7. 逆向工程技术

利用三维激光扫描仪测绘煤矿装备废旧零部件，采用逆向工程软件分析测量模型数据，提取构建轮廓线所需的点云，最终通过三维造型表达出物体的外形尺寸。三维造型设计能直观地反映产品内部结构，进行直观设计、干涉检查、虚拟装配样机、产品演示、方便计算、二维转换和有限元分析，加快了设计速度，减少设计失误，提高设计质量。打破了传统的人工测绘模式，加快了设计速度，提高了再设计与再制造的质量。

第3篇　矿山装备租赁组织
管理体系研究

矿山装备租赁公司管理体系建设

10.1 矿山装备租赁公司的职责及框架

10.1.1 矿山装备租赁公司职责

租赁公司是以出租设备或工具收取租金为业的金融企业。作为非银行金融机构，它以融物的形式起着融资的作用。随着融资租赁业务在中国的发展，出现了许多不同形态的企业，开展各种类型的租赁业务。矿山装备租赁公司是以矿山装备为载体，通过融资租赁的方式，以经济为杠杆，完成矿山企业，达到租赁公司与矿山企业互利共赢的目的。矿山装备租赁公司的主要职责包括提供各种矿山装备的租赁服务，确保设备的正常运行和维护。在矿山装备融资租赁业务中，矿山装备租赁公司作为出租方，负责协助客户选择合适的融资租赁业务模式，保证融资租赁合同在执行期间能够规避风险，合理盈利。同时，基于矿山装备融资租赁的专业化服务理念，矿山装备租赁公司还负责矿山装备的全生命周期管理，包括矿山装备的选型、配套、数字化运维、安装、调试、维修、再制造、搬家倒面、报废等全生命周期，充分满足矿山企业的需求，确保矿山企业在装备使用期间的高效运作。

10.1.2 矿山装备租赁公司组织结构

矿山装备租赁公司组织结构应遵循两点基本要求：一是依法完善法人治理结构，按照《金融租赁公司管理办法》的规定，租赁公司应"有良好的公司治理结构或有效的组织管理方式"和"具有良好的公司治理结构、内部控制机制和健全的风险管理体系"。二是合理设置公司经营组织结构，需基于矿山装备租赁业的行业特色与矿山装备租赁公司的基本职责，依据现代企业制度要求，建立与业务发展相匹配的扁平化的组织架构，实施层级管理和以目标为导向的绩效考核制度。根据互联网时代专业化矿山装备租赁公司租赁业务发展的需要，设立相应的公司组织部门，如图10-1所示。

其中，股东会、董事长等属于公司的法人治理结构。业务板块、风险控制板块和后台支持板块是公司的组织结构的主要构成，无论在人员规模还是实际业务操作上都是公司经营的主要组织部分，其中，业务板块和风险控制板块是矿山装

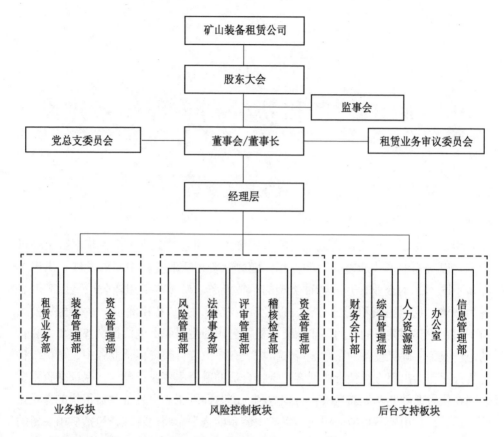

图 10-1　矿山装备租赁公司组织结构

备租赁业务顺利运作的重要部门。

1. 租赁业务审议委员会

由各部门业务负责人和矿山装备租赁公司相关专家组成的专门为装备租赁项目评估而设立的机构，负责对装备租赁项目进行专业性的综合评估，负责专业评审。

2. 业务板块

业务板块是矿山装备租赁公司中的一线部门，包括业务部、装备管理部和资金管理部。业务部负责开发、从事融资租赁业务；装备管理部负责对矿山装备进行管理；资金管理部门负责融资事项，负责公司业务、融资的统一管理。

3. 风险控制板块

风险控制板块主要负责对融资租赁项目的风险审核与防范，包括风险管理部、法律事务部、评审管理部、稽核检查部、资产管理部等。风险管理部主要审查租赁业务中可能存在的风险，并制定相应的风险防范措施，通常按照承租人资产、信誉情况、经营能力和盈利能力对承租人是否符合公司的信用标准做出判断；法律事务部负责为租赁业务提供相应的法律支持，以及完善租赁合同保证其合法合规；稽核检查部负责稽核监督、离任稽核、日常业务稽核和督导、内控制度运行情况监督，对稽核检查中发现的违法违纪违规问题要立即予以制止和纠正，查清事实、确定责任，依据有关规定对相关责任人员提出处理建议；资产管理部负责对融资租赁中的租赁资产的价值进行评估，为融资租赁交易下的租赁资产提供残值数据等；评审管理部除负责一些项目评审外，同时兼所有项目评审材料整理及与项目评审人员沟通对接，以及负责公司租赁业务审议委员会的事务，如材料报送、意见反馈、审议会议整理等。

4. 后台支持板块

后台支持板块包括办公室、人力资源部、财务会计部、信息管理部、综合管理部等，为矿山装备租赁业务提供相应的管理人力、经营、财务、信息与行政支持。

10.1.3 矿山装备租赁公司企业管理

矿山装备租赁公司的企业管理主要包括人才管理、公司规章制度和信息管理三部分（图10-2）。

1. 矿山装备租赁公司人才管理

近年来，随着矿山企业特别是煤矿企业的发展前景一片大好，融资租赁在我国高速发展，矿山装备融资租赁行业的业务量整体呈高速增长态势，矿山装备租赁公司的人才管理是矿山装备租赁公司发展不可忽视的一环。矿山装备租赁公司的人才管理主要包括人才保留、招聘管理、绩效管理、薪酬管理以及梯队建设五个方面（图10-3）。

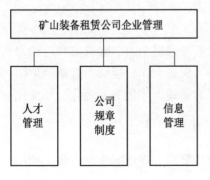

图10-2　矿山装备租赁公司管理架构

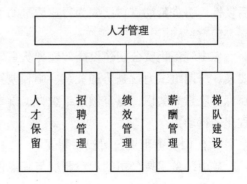

图10-3　矿山装备租赁公司人才管理

1）人才保留

人才保留是指企业运用某种激励或者手段让人才不流失，能够继续为公司效力。为保留核心人才，矿山装备租赁公司应设计中长期激励并制定核心人才保留计划。其中，中长期激励越来越被众多租赁公司采纳，其受众人群主要是公司核心人员（包括公司中高层、核心业务和中台人员及其他公司重要岗位人员），主要方式有超利润提成、股权激励、公司利润分享等。

2）招聘管理

目前，矿山装备租赁公司人才的招聘渠道众多，高层人员的招聘一般以专业第三方人力资源公司推荐和内部竞聘较多，中层人员主要依靠第三方人力资源公司推荐、内部竞聘、内部推荐等，基层人员则依靠网络招聘和校园招聘。矿山装备租赁公司应充分利用专业人力资源公司和第三方招聘网站等高质量人才的来源，对招聘人才进行统一全面管理。

3）绩效管理

租赁公司的绩效考核分为日常考核和综合素质考核。综合素质考核结果一般分为五个等级，分别是非常优秀员工、优秀员工、表现尚可员工、有问题员工、失败员工。非常优秀员工和优秀员工将有机会获得职务晋升、内部职称评聘、工资晋级、外出培训、其他福利等待遇。有问题员工将考虑增加考核要项和工作调整，失败员工将考虑减薪、进入观察期或提前解除劳动合同。年末综合考核结果由人事行政部提报绩效管理讨论决定。综合来讲，矿山装备租赁公司需要更注重绩效管理，而不只是绩效考核。

4）薪酬管理

高效的融资租赁行业薪酬一般具有以下特征：公司薪酬的总体水平随着战略定位、股东背景、投资方理念、业务定位、公司实力而定，考虑租赁行业风险的后发性，引进延期支付已成为行业薪酬的重点。

5）梯队建设

矿山装备租赁公司建设高效能梯队主要需考虑组织力、凝聚力和行动力三大要素。所谓组织力就是协调关系、调和差异、促进合作，凝聚力是指凝聚团队的目标、愿景和共识，只有做好组织力、凝聚力管理，才能有专业化、标准化、流程化的行动力。

2. 矿山装备租赁公司规章制度

矿山装备租赁公司的规章制度与其他租赁公司的规章制度在大致上相同，主要由以下几部分构成：

（1）评审管理制度。评审管理制度具体包括：项目评估工作细则、项目评审工作细则、项目评分工作细则、项目评分工作附表、法律咨询工作细则、价格论证工作细则、集体审议工作细则、项目审批工作细则等。

（2）合同管理制度。合同管理制度具体包括：租金回笼工作细则、后期监管工作细则、租赁项目资料清单等。

（3）资金管理制度。资金管理制度具体包括：资金运作工作细则、委托资金工作细则、账户管理工作细则、质押担保工作细则等。

（4）财务管理制度。财务管理制度具体包括：会计核算管理制度、费用管理工作细则、资产管理工作细则、预算管理工作细则、稽核管理工作细则等。

（5）考核管理制度。考核管理制度具体包括：绩效考核工作细则、业务部门职责细则、管理部门职责细则、管理岗位职责说明等。

（6）诉讼管理制度。诉讼管理制度具体包括：风险责任评议工作细则、风险资产认定工作细则、资产残值处理工作细则、资产诉讼保全工作细则等。

（7）信息管理制度。信息管理制度具体包括：计算机使用工作细则和会计电算化工作细则等。

（8）行政管理制度。行政管理制度具体包括：印章使用管理细则、劳动合同管理细则、职工上岗管理细则、离岗审计管理细则、医疗费用管理细则、职工考勤管理细则、档案资料管理细则、车辆使用管理细则等。

不同的是，由于业务涉及矿山装备的融资租赁，而矿山行业本就具特殊性，应补充以下几点有关矿山装备的相关制度：

（1）矿山机械装备管理制度。租赁公司的所有矿山机械装备根据类别，由各专业工程师进行技术管理，即各管理员根据各自的专长进行分项管辖。在管理员负责各种管理的同时，根据矿山机械装备的运行时间、运行状况，统筹制定大、中型机械的保养和维修计划。在矿山装备租赁给矿山企业时，需要根据各分公司（装备厂场）申报，经公司总工室、工程部审定后的数量、型号、规格，结合租赁公司现有的矿山装备，由调拨员做出合理的调配。当矿山装备无法周转或缺少时，由租赁公司作报告，向总公司领导汇报，选择申购或向外单位租借。

（2）矿山机械装备租赁制度。对矿山装备实行融资租赁，租赁公司按照使用矿山装备的实际情况和分公司签订租赁合同，根据租赁月租标准计算矿山装备使用租赁费。在计算完并结算费用后，进行矿山装备的运输。根据调拨员开出的调拨通知单，租赁公司车队负责对矿山装备进行搬运，上车费、搬运费、运输费等直接向矿山企业收取。对于退租的矿山装备，上、下车费、搬运费、运输费等由原使用单位负责，如果可调往另一分公司的，搬运费和下车费由调入单位负责，上车费由调出单位负责。

（3）矿山装备安装、维修、拆卸、报废制度。大型矿山装备的安装、拆卸必须由技术监督局（劳动局）认可的单位承担安装、拆卸工作。根据执行公司的各项规章制度，按技术规范进行维修，并详细做好各项维修记录，报租赁公司分管的管理员备案，维修记录不齐全的将追究有关责任人的责任。矿山装备在出租前由维修人员做好全面的修复后再出租给矿山企业，并且根据矿山装备融资租赁企业的专业化服务，大中型的矿山装备在使用过程中的维护、保养工作由操作人员负责完成。使用过程中出现突发性故障的，操作人员必须马上报告驻现场的机械维修员，协助维修员进行维修或其他的协助工作，这就要求操作工不可在机械出现故障时离开工作岗位。由工地设备员或操作员，在第一时间内反馈重大质量事故到专业设备主管，专业设备主管应立即落实，分析原因，制定解决方案。

在矿山装备达到使用周期以后对其进行退场处理，维修人员负责对退场的设备进行全面的检查和维修。矿山装备在施工现场维修过程中，矿山企业需协助提供场地和电源。同时，大中型矿山装备从出仓到进仓必须做好各方面的记录，包括履历运行、保养、维修等。

矿山装备在使用一定年限（自身的使用寿命）以后，已无法维修、再制造并且无维修价值时必须报废。由维修员报告管理员，经管理员鉴定后，确实需报废，应填写报废申请，经租赁公司经理批示后报总公司总工室审批同意报废，实行报废、注销。报废后的矿山装备，对于部分零部件仍可使用的，维修员必须将其拆除后送回仓库备用。对于价值较高的矿山装备机械部件，因无法修复的也必须按报废程序办理报废手续。

（4）矿山装备专业技术人员管理制度。加强对驻现场工地的机械人员的管理。各现场矿山装备主管要督促、检查司机（操作工）认真填写运行日志和运行时间统计表。做好日常保养和定期保养的监督工作。安排现场的维修工作，操作人员的排班工作。协调处理与施工工地的各方面关系，按租赁公司制定出来的岗位职责认真履行自己的职责。

加强机械维修和操作工的管理。聘用人员必须持有上岗证和一定的专业技能，对只会开机操作，不懂保养的操作人员不能招聘，已招聘的要进行培训。经培训后仍不能达到要求的应调离工作岗位或解聘。对不遵守租赁公司各项规章制度的人员，屡教不改者，必须坚决解聘。

（5）承租单位配合制度。在矿山装备融资租赁企业在对矿山装备的运输、安装、维修、拆卸、进退场过程中，需要承租单位在过程中配合相关工作，包括场地的平整、道路修通、电源提供到作业现场，与矿山装备机械有关联的安全防护（非机械自身设备）、使用防护，装、拆过程中相关排栅、电线或障碍物的装、拆，并无偿提供机械设备在现场使用所需的符合技术要求的动力能源，机械合理堆放的场地、承租期间保证设备及配件等财产。

3. 矿山装备租赁公司信息管理

在融资租赁业务中，矿山装备租赁公司的信息管理是一项重要的管理体系，同样也是信息量巨大的一个管理体系，该管理系统的完善情况与信息管理情况可以准确地反映出租赁公司内部管理水平的高低。对矿山装备租赁公司进行信息管理，不仅可以极大地提高有关装备租赁业务的工作效率，同时也可以严格规范矿山装备在租赁过程中的操作流程。

1）信息系统与规范管理

在矿山装备租赁公司的业务流程中，信息系统是快节奏供应链的基础。互联网可以让公司实现在线的装备采购、装备租赁、装备销售、广告推送以及在手机端接受客户反馈。矿山装备租赁公司通过核心业务流程的数字化，将逐渐演化成数字化公司，以便于变得更有竞争力和富有效率。同时，信息系统的合理有效利用可以极大地降低生产、采购成本，甚至可以在全球范围内销售产品，从而刺激全球化发展。如今信息系统已是进行商业活动的基础。如果没有广泛地应用信息技术，矿山装备租赁公司将难以生存，难以获得实现战略业务目标的能力。

为了防止信息系统内容杂乱无章，防止信息产生混乱性、无序性，公司必须对该系统进行规范管理，建立信息管理系统。对公司来说，人员、装备、能源、资金、信息是五大重要资源。人员、装备、能源、资金这些都是可见的有形资源，而信息是一种无形的资源在进入信息时代后日益重要。公司对信息资源进行有效管理，才能对信息资源有效利用，发挥更好的效益。租赁公司需要通过自身成熟的业务流程和完善的管理机制，形成租赁信息管理系统。业务流程和规章制度是信息管理系统的基础，信息管理系统是业务流程和规章制度的总结。

2）业务与财务数据统一

完整的租赁信息管理系统应该包括两大部分：财务管理系统和业务管理系统。其中，根据财税规定，财务管理系统必须采用财政部批准的财务管理软件，而业务管理软件则可根据租赁公司的业务特点自行设计编程。租赁信息管理系统构架如图10-4所示。

（1）财务管理系统。财务管理系统由租金计费与收款、费用管理与报告、合同管理、税务遵从四部分构成。

①租金计费与收款。财务管理系统应能够准确计算租金，考虑到租赁周期、费率和可能的折扣。支持灵活的收款方式，包括在线支付、银行转账等，以提高支付的便捷性。

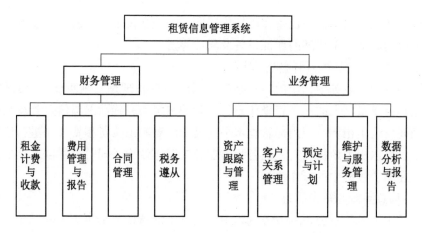

图 10-4　租赁信息管理系统构架

②费用管理与报告。能够追踪和管理各种费用，如维护、服务和保险费用。提供详细的财务报告，包括利润与损失报表、资产负债表等，以便实时了解租赁业务的财务状况。

③合同管理。能够存储和管理租赁合同，包括合同的起止日期、条件和条款等。自动生成账单和提醒，确保按照合同要求及时收取租金和其他费用。

④税务遵从。集成税务计算和报告功能，以确保租赁业务符合当地和国家的税收法规。自动化税务申报过程，减少人工错误和提高效率。

（2）业务管理系统。业务管理系统由资产跟踪与管理、客户关系管理、预定与计划、维护与服务管理、数据分析与报告五部分构成

①资产跟踪与管理。提供实时的资产信息，包括资产的位置、状态和维护历史。通过整合装备二维码或条形码技术，以数字化的手段简化资产跟踪和库存管理。

②客户关系管理。存储客户信息，包括租赁历史、偏好和联系信息。支持客户反馈和投诉管理，以改善服务质量。

③预定与计划。提供在线预订系统，方便客户选择和预定所需的资产。优化资产利用率，通过智能计划和调度确保资产的最大化利用。

④维护与服务管理。记录资产的维护历史和服务记录，以确保资产的良好运行状态。实施预防性维护计划，减少未计划的停机时间。

⑤数据分析与报告。提供数据分析工具，以从租赁数据中提取有价值的见解。自动生成业务报告，帮助管理层做出基于数据的决策。

通过财务、业务管理系统这两大部分的整合，租赁信息管理系统可以实现对

租赁业务全生命周期的全面管理，提高效率、降低成本，并提供更好的客户服务。

10.2 矿山装备租赁公司系统流结构模型

评价一个企业或一个系统的经济效果，应根据不同情况和具体条件确定不同的评价指标。融资租赁企业作为出租方，最优的租赁方案需要充分地比较、分析投资的收益与风险后得出。融资租赁企业作为租赁业务的组织者需要投入大量的资金（库存费用、购买煤矿装备等），在还没进行装备融资租赁决策时，矿山企业及装备生产企业能力、装备特性以及租赁项目可能承担的风险等指标就需要进行严格细致的分析。对于资金时间价值的经济评价指标可以分为静态评价和动态评价两种。按照考察方案经济效果不同角度，可以分为时间型指标、价值型指标和效率型指标。融资租赁企业的装备系统是涉及多个层面，从不同层面或角度出发就可以得到不同的结构关系，只有从系统流结构的角度对设备系统进行全面的分析研究，才能获取融资租赁装备系统的整体最优化效果。装备系统的主要组成功能单元集合包含四方面：物流、资金流、信息流和商流（图10-5）。

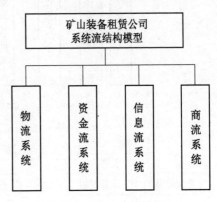

图 10-5 系统流结构模型

10.2.1 物流系统

融资租赁企业设备系统的物流主要涉及出租方、承租方以及设备生产方，如图10-6所示。其中，承租方向融资租赁企业（即出租方）提出租赁设备的数量和种类，出租方根据自身的库存情况再决定需要向生产方购买装备的类别与数量。

10.2.2 资金流系统

资金流自始至终贯穿于设备系统的整个生命周期，从租赁前的准备—签订合同—负责建设直至设备租赁期满。资金费用主要包含：租赁费用、库存费用、建设费用、维修费用、运输费用等，上述各种费用共同构成了设备系统生命周期的成本模型，如图10-7所示。

10.2.3 信息流系统

物流在时间上的路径反映了设备的动态关系，信息流则反映了设备系统的时间结构。信息流直接关系着企业的运营和经营决策。在设备租赁系统中，各种信

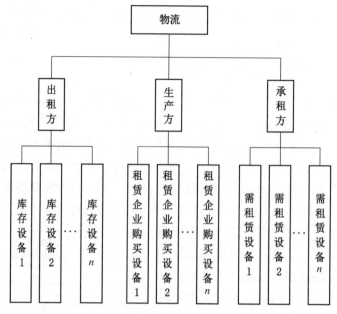

图 10-6　物流系统

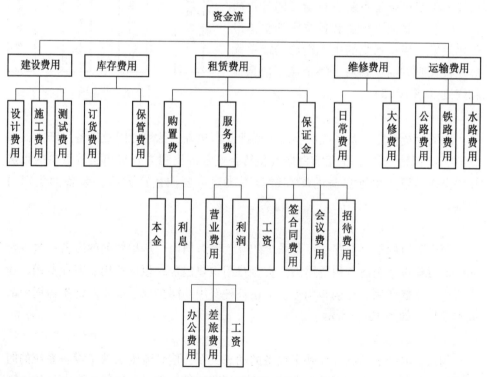

图 10-7　资金流系统

息流繁多且相互交错，针对上述信息进行获取、传递和分析，形成最终决策显得尤为重要。融资租赁企业的设备系统信息流可以分为内部信息和外部信息。内部信息指企业自身的规章制度及与租赁相关的库存信息、租赁信息等，外部信息是指环境信息、及时市场信息、供求信息等众多信息。其租赁设备系统信息流结构层次如图 10-8 所示。

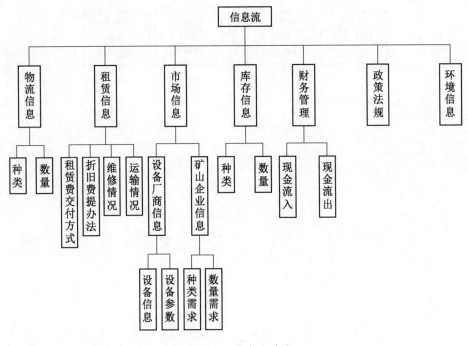

图 10-8　信息流系统

10.2.4　商流系统

商流是指发生租赁关系设备的使用权发生转变时，当买卖关系发生时，对于设备的所有权就会变化。设备系统的商流包含租赁和买入卖出两个过程，图 10-9 所示为融资租赁企业设备系统的商流对象结构层次图。其中，生产方的设备既作为商流的购入对象，同时也是商流的卖出对象。

矿山装备租赁系统流结构模型包含的物流、资金流、信息流与商流相互影响，不可分割。物流每时每刻都包含信息流，物流、资金流和信息流都是基于商流而进行的，资金流、商流和信息流需要依附于物流的存在。所以，要仔细地分析物流、利用好信息流和合理调度商流，才能保证装备运营调度合理，从而使企业经济效益最大化。

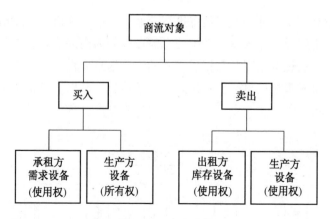

图 10-9　商流系统

11 矿山装备融资租赁项目风险管控体系建设

矿山装备融资租赁具有融资与融物的双重功能，普遍为矿山企业所接受。但是该行业处于起步发展阶段，风险监管体系尚未确立、制度建设还不健全。矿山装备融资租赁项目具有投资金额大、涉及主体多、运营时间久、业务周期长、流程复杂等特点，并且业务本身广泛涉及金融、贸易、法律、运输、保险、售后保障、企业经营等多方面关系，相较于其他融资方式与其他行业的融资租赁，其业务风险要高得多，具有不确定性、客观性、普遍性、可测定性、发展性及可控性等特征（表11-1）。因此，矿山装备租赁公司必须找出在项目中可能出现的风险种类，并建立科学、有效的风险管控体系，在风险可控范围内经营并发展矿山装备融资租赁业务，以达到利益最大化效果。

表11-1　矿山装备融资租赁风险特征

序号	特征名称	特 征 解 释
1	不确定性	一是风险是否发生的不确定性，二是风险发生时间的不确定性，三是风险产生结果的不确定，即损失程度、涉及范围的不确定性
2	客观性	不以人的意志为转移，独立于人的意识之外而客观存在的，风险是不可能彻底消除的
3	普遍性	人类历史就是与各种风险相伴的历史，风险无处不在，无时不有
4	可测定性	风险发生导致的结果是可以预测和度量的。可以利用概率论和数理统计的方法测算风险事故发生的概率及其损失程度
5	发展性	风险不是一成不变的，它会随着人类社会的进步和发展，随着时间、空间等条件的变化而变化
6	可控性	风险在一定程度上是可以控制的。一方面是人们可以对风险实施甄别以及评估，另一方面，可以通过必要的手段，对风险进行分散、转移、回避等

11.1　风险种类与防范

11.1.1　经济性风险

经济性风险原指因与企业经济活动有关的各方面因素或环境发生变化产生的风险。在矿山装备融资租赁业务中，经济性风险主要是指支付租金的风险。支付租金的风险对矿山装备融资租赁的发展危害最大。由于快手直播融资租赁项目的租金支付周期通常较长，且部分项目的设立及运行会受到国家或地方政策的影响，承租人在项目运行过程中因各种原因出现延迟支付或无法继续支付租金的情形。出租人放松风险管控，承租人缺乏流动资金，租赁服务跟不上导致合同纠纷等，都是造成支付风险的主要原因。此外，融资租赁合同通常会约定如果承租人欠付租金，需要承担逾期利息或罚息，而逾期利息或罚息的计算标准通常远高于原本约定的正常履约利息。如果承租人系因资金持续不足而不能支付租金，则一旦出现逾期，资金缺口可能将不断扩大，支付租金的能力亦可能进一步降低。

为此，矿山装备租赁公司应加强对承租人的经营和财务情况、担保人的经营和财务情况等方面的关注，确保承租人能够按时还款，保证融资租赁过程中租金的回收。

11.1.2　市场性风险

市场性风险是租赁公司面临的重要风险之一。租赁公司的市场性风险，主要是指由市场竞争而产生的风险，例如供求关系的不确定性、价格的不确定性、汇率的不确定性等。市场未来发展的不确定性影响到融资租赁的预期，甚至会使融资租赁的预期无法实现。当矿山装备的融资租赁实施后市场供需关系发生了变化，矿山企业使用矿山装备可能无法实现预期效益，进而无法支付租金；当相关的矿山装备的产品市场价格下降后，也会使矿山企业无法盈利，从而影响到租金的支付。市场发生变化的因素是多方面的，有自然的因素也有人为的因素，例如自然灾害、系统风险、投机炒作、市场操纵等。由于矿山装备的融资租赁交易期限长，导致其市场风险概率增加。随着对矿山装备的市场价格、市场需求以及科学技术的不断变化，使融资租赁的矿山装备经济寿命缩短，导致预计的经济效益和残值收益可能无法实现，这必然影响矿山装备融资租赁的实际盈利能力，影响矿山装备租赁公司租金的收取。

为此，矿山装备租赁公司应当有明确的防范市场风险的意识，在建立融资租赁关系时就应当做好市场调查，并对市场的未来风险进行评估。只有在深入了解市场，对市场规律有一定研究和掌握的基础上才能对市场风险做出客观的判断。

11.1.3　管理性风险

由于矿山装备服务于矿山行业，其使用环境条件十分恶劣，因此当矿山装备的物理安全无法得到保证时，在矿山装备投入使用时会对其造成伤害，使得装备使用寿命缩短，矿山装备的融资租赁业务难以继续开展。同时，矿山装备也具有设备折旧的风险，其大多比较昂贵，更新设备投资巨大，面临着高资金投入与高成本折旧的风险；同时对于转租的矿山装备，如不能及时出租，也面临着巨大的经营和管理压力。

为了有效预防管理性风险，矿山装备租赁公司应向承租企业下派装备管理人员，负责对装备的正确使用、维护、养护等进行现场监督，协助承租企业解决技术问题，在现场对工程机械的外购件、外协件的质量进行控制，建立装备管理状态的评审制度，来确保矿山装备正常使用。除此之外，矿山装备租赁公司还应建立设备索赔管理机制，当矿山装备遭受损失时，通过索赔制度就可以减少和控制损失。

11.1.4　信用性风险

信用性风险是指交易双方中的任何一方未按照合同执行或未全面执行交付义务导致遵守合同的一方资金或标的物受到侵害或损失的逾期、违约风险。传统的信用风险主要是指由于承租人发生违约行为，导致出租人发生的损失，是由于交易对手违约而带来的风险。现代意义上的信用风险不仅包括实际违约带来的风险，还应包括由于交易对手信用状况和履约能力上的变化导致债权人资产价值发生变动而遭受损失的风险。

矿山装备融资租赁业务实质交易过程中出租人和承租人之间存在单一、不对称的信息和信用交换，因此信用风险自开展业务开始之初就会产生并始终隐藏、伴随。租赁前期，矿山企业（承租人）为获得授信额度和资金，蓄意隐瞒不利信息，规避审查以通过业务申请，获得资金和矿山装备。租中和矿山装备使用期间，矿山企业或由于还款能力难以持续，不再遵守合同按期支付租金；或者不再如期还款，恶意躲藏，故意转移资金或中断租金支付等逃避债务，导致纠纷产生等；租赁期满，发现承租人失踪、矿山装备使用不当、矿山企业在开采过程中出现事故造成毁坏、报废等各类风险。矿山装备融资租赁业务的信用风险主要来自两个方面：一是来自矿山企业经营不善，导致其企业出现重大安全事故或违约，甚至破产，导致无法偿付租金的风险；二是因矿山企业的道德问题导致的恶意拖欠，租金逾期支付。

为了有效规避信用性风险，租赁公司在订立买卖合同前，应利用各种信息对矿山企业信用情况进行调查。对于信誉差或者资信情况确实无法查明的矿山企业，可以要求矿山企业提供相应的担保，以防止其违约。租赁公司在订立融资租赁合同时，可以要求矿山企业提供一定数额的保证金，以便当矿山企业发生交付租金困难时，可用保证金冲抵租金。融资租赁各方在签订合同时，应严格的依照我国相关的法律法令，明确各方当事人的权利和义务，以及纠纷解决时采取的方式。同时，租赁公司要健全内部风险控制机制，对承租人进行定期的业务监控，须定期进行现场检查，并要求承租人在租赁期间提供业务统计报表，以利于掌握租赁资产的动态状况。

11.1.5　法律性风险

法律性风险是指与矿山装备融资租赁的相关法律还不健全。由于矿山装备融资租赁涉及矿山装备和融资租赁两方面，矿山装备之间、融资租赁之间的法律与法律之间、法律与政策之间经常出现不一致或不断变化，使出租人、承租人等主体的权益得不到保护或不能稳定的风险。法律制度的不完善或执法不严，还可能出现地方政府干预，影响装备租赁当事人的正常权益关系。如在委托人和受托人的破产或诉讼执行中，地方司法部门可能偏袒本地方一方，牺牲对方利益。一旦发生合同纠纷，当事人的利益很难得到保障。

随着融资租赁行业在我国蓬勃发展，最高人民法院积极着手改善融资租赁的法律环境，经历了 14 年 6 次修稿，最终于 2014 年颁布了《关于审理融资租赁合同纠纷案件适用法律问题的解释》（法释〔2014〕3 号）。该解释就融资租赁纠纷中出现的新问题提供了解决依据。

目前，矿山装备的融资租赁在国内还属新兴行业，大规模的矿山装备的融资租赁并未全面展开。虽然新司法解释的出台一定方面填补了旧版解释的不足，体现了司法机关对融资租赁纷争的问题的重视。但其条款依然有不合理之处，依然存在着监管缺位的问题，使得承租方有着打政策擦边球的空间，在融资租赁出现问题后，出租方很容易得不到利益保护，使得矿山装备融资租赁依然有遭受损失的风险。

为此，矿山装备租赁公司应当了解和熟悉相关法律法规，在租赁业务开展过程中应当与法律法规导向保持一致，及时妥善利用好对矿山装备融资租赁有利的法律法规，以便得到更多的有利于矿山装备融资租赁业务发展的政策。

11.2　基于全业务流程的风险防范体系建设

对于矿山装备融资租赁企业来说，企业的风险防范体系主要包括对风险可能产生的结果进行度量、然后选择有效的管理方法和手段，降低风险发生的可能性以及发生后造成损失的大小，从而保障企业的日常经营。

在矿山装备融资租赁业务中，风险管理就是通过风险识别和风险评价，并以此为基础合理地采用多种管理方法、技术和手段，对项目活动涉及的风险实施有效的控制，采取主动行动、创造条件，尽量扩大风险事件的有利结果，妥善处理风险事故造成的不利后果，以最小的成本保证安全、可靠地实现本项目的总目标。

矿山装备融资租赁交易是一种以矿山装备为载体，以融资为目的交易方式，其业务实行以下流程：矿山企业融资租赁申请→租赁公司申请受理→租赁公司审核评估→双方签订融资租赁协议→矿山装备放款审批→租中矿山装备跟踪→租金收回→矿山装备收回或处置→租赁合同终止，具体业务流程如图 11-1 所示。

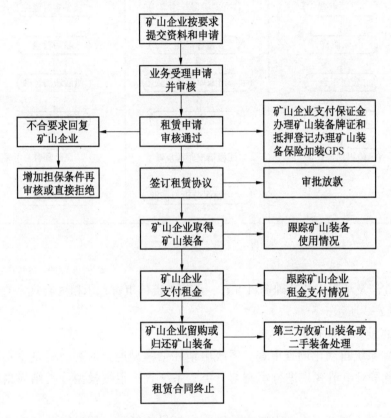

图 11-1　矿山装备融资租赁业务流程

矿山装备融资租赁业务过程较为复杂，根据公司管理和运行的特点，按照职能分离、分权制衡要求，矿山装备租赁公司在开展业务过程中，围绕矿山装备融资租赁业务的租前、租中、租后过程实施业务全过程风险管理如图 11-2 所示。

11.2.1　租前风险审查流程

在租赁公司开展融资租赁业务之前，应制定尽职调查操作细则，建立尽职调查验证制度。由于融资租赁具有"先付款，后使用"的特点，在租赁之前首先需要开展调查承租人的基础资料审查、承租人资信审查和承租人合规审查，防止融资租赁风险的产生。矿山装备租赁公司租前风险审查主要涉及渠道商及各部门，

图 11-2　业务全过程风险管理

主要审查涉及承租人的基础资料审查、承租人资信审查、承租人合规审查，其流程如图 11-3 所示。

1. 租前风险审查主要方式

（1）系统自动化调查审查。系统申请评估模型通过对客户的基本信息、第三方信息等对申请客户进行审查与分类，系统直接根据模型分类结果出具审批结果。

（2）人工调查审查。审查人员以客户提供的信息、资料以及第三方信息为基础，通过电话与客户进行沟通，辅之以资料分析、第三方信息交互验证、多项信息沟通判断、经验评判等方法，根据客户特点实施标准化审查。

（3）实地调查审查。针对部分金额较大或非现场无法识别的客户，由公司指定相关人员与客户见面，通过面谈的方式了解客户信息，并现场收集客户资料，公司指定相关人员将上述信息反馈至风险合规部审查人员，由审查人员同时结合第三方信息交互验证、多项信息钩稽等方式确认客户信息。

2. 租前风险审查主要内容

（1）承租人基本信息。包括承租人（及共同承租人）基本情况；企业负债状况；企业经营情况；承租人（及共同承租人）资信情况等。

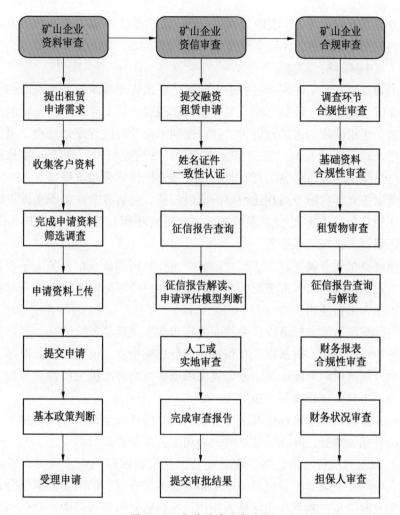

图 11-3　租前风险审查流程

（2）融资租赁基本信息。包括矿山装备及配套件价格的合理性；租赁价款；初始租金比例；矿山装备用途合理性。

（3）其他信息。包括担保方基本情况及担保能力审查；挂靠方基本情况；其他相关调查审查内容。

同时，为提高对承租人的审批和租后管理，建议租赁公司建立承租人分级制度，即制定承租人资质综合评定标准，该标准应综合承租人公司信用、还款能力、还款意愿等几个维度信息。根据综合评定结果，进行客户分级，分别分为A、B、C、D四级，其中，A级为优质承租申请人，B级为次优承租申请人，

C级为关注承租申请人，D级进入承租申请人黑名单。不同等级的承租申请人对应不同的融资申请条件，A级享受最佳条件，依次向下，D级为禁入。

11.2.2 租中风险管理流程

矿山装备租赁公司在租赁过程中需要加强还租管理和跟踪，重点是租金还款跟踪和提醒。在承租人还租期间，对承租人还租状况的实时跟进，包括但不限于还租提醒、还租催收、逾期预警等，并对逾期风险及时进行反馈处理。出租人需要对承租人进行还租提醒、还款情况跟踪、异常情况反馈、持续催收及现场检查，并将风险情况分析信息进行及时处理。主要操作标准和流程如下：

运营服务部客户服务岗在还租日前通过短信、电话等方式对承租人进行还租提醒。还租日当日查询租金到账情况，再次进行还租提醒，如正常还租无须跟进，未还租再次进行还租提醒。

按照融资租赁合同规定，还租日后 n 个工作日内确认承租人无法还租及时转交，如承租人出现还租异常情况，及时转交至客户经理岗。客户经理及时督促承租人、担保人进行还租。

客户经理岗持续进行催收，关注业务还租状态及其他风险信息。客户经理岗采取现场检查的方式，对承租人及租赁物进行现场检查，出具检查报告。

风险合规部风险管理岗及法务合规岗根据客户经理岗提交的检查报告，分析项目风险，出具处理建议并上报。

公司办公会对风险管理岗及法务合规岗出具的处理建议进行审批决策，各部门根据决策意见执行，并在后续及时向公司办公会传递执行结果。

（1）加强对租赁物的监管，建立完善的租赁物跟踪机制，确保租赁物存在且出租人始终享有融资租赁项目中全部租赁物的所有权。矿山装备租赁公司应确保租赁物及时购买、收货并实际投入使用；在售后回租的项目中，确保租赁物确实实际存在、承租人有权处分租赁物并及时办理租赁物所有权的变更登记手续（如需），确保租赁物的所有权转移给出租人。

（2）采取有效措施明示租赁物所有权，降低租赁物被承租人私自处理风险。可采取矿山装备一物一码溯源系统，要求承租人将租赁物抵押给出租人并依法设立抵押登记、设置远程摄像监控、设置GPS定位等方法，保证出租人能够在项目运行过程中有效掌握租赁物的情况，提高承租人擅自处分租赁物的难度，降低出租人丧失租赁物所有权的风险。

11.2.3 租后风险管理流程

租后管理从管理内容来看，实质上就是对承租人和租赁资产的管理，通过建立承租人质量评价与管理机制，以及规范租赁资产管理来强化租后管理工作。

对承租人的管理，核心关键就在于动态实时掌握承租人的情况变化，通过对承租人还款意愿和还款能力进行分析评级来判断其按时足额支付租金的可能性。承租人质量评价机制所包含的指标应主要包括以下三个方面：矿山装备在投入使用后矿山的运营收入情况、承租人的租金支付履约情况和承租人公司稳定情况，其中，矿山装备的运营收入情况用于评估其还款能力、承租人的租金支付履约情况和承租人公司稳定情况用于评价其还款意愿。通过承租人质量评价机制，对承租人实施分级管理，并针对不同评价结果采取不同的风险处理手段。对于质量评

操作节点	责任部门	输出结果	操作标准
现场检查	市场营销部	现场检查报告	每年不少于2次
矿山企业及租赁物信息更新	市场营销部	财务报表及租赁物运营报告	每年不少于2次
风险预警	市场营销部	情况报告	于发现风险24小时内提交报告
租后资料检查与风险预警	运营服务部	情况报告	于发现风险24小时内提交报告
审核非现场检查及风险预警	风险合规部	审查报告及情况报告	于发现风险24小时内提交报告
现场检查及GPS风险预警	风险合规部	现场检查报告、情况报告及租后资产管理报告	每年不少于2次并于发现风险24小时内报告
风险信息分析	风险合规部及法务	租后管理报告及反馈建议	收到情况报告后及时反馈意见
风险信息决策	公司办公会	处理决策	收到反馈意见后及时给出决策
决策意见执行及风险处置	各部门	执行情况	收到决策意见后及时处理并反馈

图 11-4 租后风险管理流程

价结果较差的承租人，应专项拟定管理方案，制定针对性管理措施，集中租后管理资源重点预防和化解风险。

在融资租赁合同履行的过程中，租赁公司要完善租后管理机制，采取现场检查的方式，及时并直观地了解、核查和反馈承租人、担保人及装备的状况。租赁项目一般都是中长期项目，因此对项目和承租人状态的及时把握十分重要。出租人可以采取定期或不定期的方式对承租人进行现场检查，着重对承租人的经营和财务情况、租赁物的使用情况、担保人的经营和财务情况以及抵押物和质押物的情况进行关注，并将检查的内容及检查过程中发现的情况详细记录并妥善留存。既可以及时评价承租人是否存在违约行为或违约可能性，又可以为日后可能出现的纠纷保留有利证据。租后风险管理流程如图 11-4 所示。

11.3　企业内部管理风险防范体系

风险管控体系建设是系统性工作，不仅要对全业务流程中可能出现的风险进行防范，同时要加强企业内部对风险防范的重视。主要包括：

（1）加强内部管理结构，完善配套机制建设。企业领导要重视融资租赁业务风险防范工作，拓展融资租赁服务的管理视角，树立全面风险意识，建立风险预警机制，健全企业结构设置，明确岗位责任制，优化资源配置，统筹企业融资租赁业务，沟通各部门分工协作；树立服务的观念，完善配套服务，保障租赁标的物的技术服务、配件和后续服务，控制成本，灵活运用资金，完善绩效考核管理，事半功倍地规避、防范租赁企业融资风险。

（2）建立融资租赁业务内部风险管理机制。加强融资企业融资管理，提高融资决策水平，企业要综合考虑承租企业融资方向、规模、对象等条件，制定科学的分析指标，建立融资租赁等级分类考评机制，建立制定科学、执行有效的财务风险预警指标体系；通过融资租赁决策、使用和监督分离；分类管理租赁项目，细化分析企业外部、内部数据信息，动态控制融资租赁风险，保持融资租赁风险保持健康可控状态。

（3）重视企业人员素质培养。企业员工是创造企业价值的源泉所在，高水平的企业管理离不开优秀的企业管理团队。租赁企业要加强岗位培训，开展定期系统的专业知识、法律法规、职业道德、租赁标的物的信息及使用的特点等培训内容，培养融资租赁专业性人才，降低租赁合同的要件缺失率，降低自身所面临的风险损失。在工作实践中要积极与专业第三方机构合作，聘用第三方给予专业指导和技术支持，引进和学习先进管理经验带动企业风险控制水平的全面提升。

（4）合同管理。融资租赁企业要重视融资合同管理，有效防范融资要件缺少形成的资质风险，科学地制定融资租赁申请，在订立合同前要重视承租人相应的准入资格，并对承租企业的管理水平、组织架构及企业氛围等管理能力全面了解，合理确定融资比例限制，并通过在合同里要求抵押担保、第三方联保、缴纳一定的租赁保证金等形式的合同条款保证降低信用风险；与供应商沟通确定租赁物的保险期限、范围、种类等相关事宜，有效防范标的物灭失风险。

矿山装备融资租赁项目保障制度建设

12.1　矿山装备融资租赁保障制度需求分析

12.1.1　保障制度及产生动因

1. 保障制度

保障制度是对租赁各主体之间的一系列权利、义务和责任的集合，是对融资租赁中的具体过程进行规范与约束的制度，具有一般性与特殊性。对于一般情况而言，保障制度能够提供一套明确的行为规则，包括矿山装备融资租赁规则、矿山装备融资租赁程序和矿山装备融资租赁规范等。对于特定情境中的特定行为者而言，存在一些特色的规则和惯例来对矿山装备融资租赁各主体的适当的行为做出规定。矿山装备融资租赁服务保障制度在本质上是一种行为规范或一种规范性的行为准则，能够将出租人和承租人等主体紧密联系在一起，同时规定各主体的权利、责任、义务与禁忌等，为矿山装备融资租赁的进行提供有力支撑。主要具有以下功能：

（1）保障制度为主体的行为提供必不可少的认知模板、范畴和模式，明确了主体间有关行动的具体规范，形成对主体的可能行为预期，从而影响主体的行动抉择。基于保障制度，租赁主体将对违背规定所致的后果具有清晰的预期，从而避免越界行为的产生。

（2）约束与激励。在矿山装备融资租赁中，为了有效避免风险，依靠保障制度对主体进行各方面的制约，防止主体产生自利行为。保障制度通过对租赁主体的自律监督和他律监督，在主体选择自己的不正当行为的过程中起着重大的激励和约束作用。

（3）维护正常秩序。保障制度可以避免矿山装备融资租赁过程中的随意性和过分依赖个人性，避免了因受裙带关系和人身依附关系的影响而导致的风险，有效规定对矿山企业的选择机会和选择空间，防止混乱和任意行为，维护矿山装备融资租赁乃至整个租赁行业秩序。

2. 产生动因

矿山装备融资租赁的保障制度是通过人为设计而产生，是其主体为了达到双方互利共赢的目标而设计出的一系列的道德、方法、条款、合同等方面约束的集合。在矿山装备融资租赁服务开展前期，需形成一套基本的保障制度体系，在租赁服务的过程中将保障制度逐渐完善，成为矿山企业、矿山装备融资租赁行业相关企业、第三方融资租赁平台等行业内主体共同认可和接受的规则，维护矿山装备融资租赁服务的秩序。由此可见，矿山装备融资租赁服务的保障制度是需要在长期的融资租赁实际操作中，逐步形成被大家公认的一些行为规则，是整个矿山企业相关领域经验的总结和概括。

12.1.2 基于服务流程的保障制度需求分析

矿山装备融资租赁服务从原理上讲依旧属于服务业，目标客户为对矿山装备有需求的矿山企业。所谓服务流程，就是指服务组织向顾客提供服务的整个过程和完成这个过程所需要素的组合方式，如服务行为、工作方式、服务程序和路线、设施布局、材料配送等。矿山装备租赁公司在业务开展过程中，应该基于融资租赁过程中的业务流程，针对服务流程中的每个相应的有可能出现问题的环节来设计保障制度，用来保障规范制度体系实现全过程覆盖，为矿山装备融资租赁服务的基本运行提供保障。

为保障矿山装备融资租赁服务健康、持续发展，必须基于其租赁流程制定矿山装备融资租赁服务规范，坚持矿山装备租赁管理制度化。租赁公司应从矿山装备最初的合同签约开始，延伸到矿山装备使用和维修保养、人员的培训教育与持证上岗等方面，都必须制定出完整的、可操作的规章制度。只有建立了规章制度，才能做到管理有依据和操作有方法，才能使矿山装备融资租赁企业规避风险，步入良性循环的有序状态，实现出租单位与承租单位的双赢。

12.1.3 基于风险要素识别的保障制度需求分析

除了要规范矿山装备融资租赁服务的业务流程外，还应该在此基础上明确需要对哪些风险要素进行规范，从而针对这些要素建立系统化的矿山装备融资租赁服务规范制度体系，防范矿山装备融资租赁业务的服务风险，保障业务高效率运行与高水平服务。

服务风险是指以一定概率为计算基础的可能会发生的影响到矿山装备融资租赁服务业务顺利完成并带来损失的事件。在开展矿山装备融资租赁业务的过程中，无论是直接融资租赁还是售后回租、转租赁等业务，从租赁合同的签订、执行到租赁合同的结束，都可能面临影响业务正常进行的各种因素或事件，这些因素或事件，因其具有不确定性，即成为风险。由于矿山装备融资租赁业务自身的特殊性，包括一次性投资额大、周期长等，并且矿山装备融资租赁业务本身广泛涉及矿山行业、金融、法律、交通运输、保险、物资供应、企业经营管理等多方面关系，因而存在复杂的风险因素，在矿山装备融资租赁决策管理中，必须进行科学、有效的风险分析并针对风险制定相关控制管理规范。

矿山装备的使用权与所有权的分离是矿山装备融资租赁区别于矿山装备传统形式租赁的独特之处。矿山装备融资租赁不仅满足了矿山企业对矿山装备的使用需求，在资产管理、理财、税收方面也能够得到一些利益，这是因为矿山装备融资租赁满足了使用权和所有权分离的内在经济要求，降低了融资的风险。当资本成为矿山装备融资租赁发展的动因之后，资本运作所具有的风险便"传染"给矿山装备融资租赁。但其所面对的风险不只发生于资本身上，同时与经济发展的宏观环境和微观环境相联系，风险发生和存在的形式多样，有系统的风险，也有非系统的风险。

在融资租赁业务过程中，项目所面临的风险包括经济性风险、市场性风险、管理性风险、信用性风险与法律性风险。除以上风险外，矿山装备融资租赁保障制度还需要兼顾以下风险要素：

1. 运行管理风险

由于矿山装备融资租赁服务的内容多样、流程复杂，影响服务水平的因素也很多，因此业务运行过程中由于运行管理不规范会造成环节运行效率低甚至会影响利益相关者经济效益。例如，对于矿山装备出租方而言，由于矿山装备大多在井下使用，环境条件恶劣，因此当其物理安全得不到保障时，矿山装备在正常运行过程中会造成损坏，使得矿山装备融资租赁难以继续展开。

首先，在矿山装备投入使用运行时，承租人对承租的矿山装备疏于管理，矿山装备具有得不到基本的保养和维护、使其物理性能非正常降低的风险；其次，承租人未经过出租人的允许，私自将承租的矿山装备进行单方抵押，产生纠纷的风险；此外，还有出租的矿山装备遭遗失或承租人单方变卖的风险。运行管理的主要风险要素有：业务运行组织与职责、矿山装备日常检修管理、润滑管理、检修标准化、数据管理、故障管理、防爆电气设备入井与运行管理、特殊矿山装备管理等。

2. 安全生产风险

矿山开采属于高危险性行业，矿山企业属于高危险性企业，影响矿山安全的主要因素有滑坡、坍塌、爆炸、机械伤害、高处坠落、职业危害、车辆伤害、电伤害等。当矿山企业出现大或重大安全事故时，矿山企业会面临被监管部门约谈、罚款、停产整顿、限制开展业务、吊销融资租赁经营牌照等严厉措施，容易造成矿山企业资不抵债、破产或遭受行政处罚，导致租金无法回笼，矿山装备无法回收。安全生产风险导致的损失包括但不限于：受伤人员的医疗费用和补偿费、财产、材料、矿山装备等财产的丢失、损毁或被盗；因引起工期延误带来的损失；为恢复建设工程正常实施所发生的费用；因意外事故可能导致的第三者的人身伤亡和财产损失所作的经济赔偿以及必须承担的法律责任。

3. 政策风险

政策风险指由于国家进出口、财务、税收、工商等政策的改变，使得矿山装备融资租赁企业在购买引进矿山装备时实际成本增加、利润下降；或在矿山装备资产持有期间，由于会计准则变化，导致出租人与承租人会计核算办法发生改变，存在租赁期变短、续租难度变大或无法续租的风险；或是在矿山装备租赁期内由于税收返还政策的变化，导致矿山装备租赁公司的收入受损、利润下降。矿山装备融资租赁在国内还属新兴行业，大规模的全套矿山装备整体融资租赁并未全面展开，相关法律法规不健全，存在监管缺位的问题。

不同类型的风险，其成因和防范措施不尽相同，识别不同类型的风险，正确分析其成因并构建相对有效的规范标准，是防范矿山装备融资租赁服务风险的重要手段。租赁公司应以各类风险为着力点，建立相关运行服务的规范制度对矿山装备融资租赁风险加以管理，保证租赁公司持续盈利。

12.2 保障制度法律法规支持

矿山装备融资租赁服务保障制度应具有前瞻性、系统性、合理性、可操作性，保证规范制度的权威、可行与调控力，为各参与主体的行为提供稳定的预期，有效控制业务主体的行为并使其朝着预期的专业化服务目标方向发展。

从整体层面来看，保障制度设计的一般内容包括目标指向、权威与责任分配、角色规定、行为规定、度量标准、奖惩措施、组织流程与相应机构设置等，通过保障制度规定着参与行为的范围、资格、权限和程序等。同时，保障制度在设计时，还应考虑将保障制度规定与保障制度执行者的切身利益实现紧密捆绑，把保障制度的执行情况同奖惩措施有力地联系起来，令问责制具有威慑作用，从而保持保障制度的严肃性、权威性和执行力度。

目前，专门针对矿山装备融资租赁服务的规章制度较少，大多是关于工程机械方面与租赁行业的法律法规，如：

(1)《中华人民共和国民法典》。

(2)《中华人民共和国企业国有资产法》。

(3)《企业国有资产监督管理暂行条例》（国务院令第 378 号）。

(4)《企业国有产权转让管理暂行办法》（国资委、财政部令第 3 号）。

（5）《关于规范国有企业改制工作的意见》（国办发〔2003〕96号）。

（6）《关于进一步规范国有企业改制工作的实施意见》（国办发〔2005〕60号）。

（7）《企业国有产权交易操作规则》（国资发产权〔2009〕120号）。

（8）《金融企业国有资产转让管理办法》（财政部令第54号）。

（9）《金融租赁公司管理办法》。

（10）《企业会计准则——租赁》。

（11）《外商投资租赁公司审批管理暂行办法》。

（12）《关于从事融资租赁业务有关问题的通知》。

基于以上法律法规，矿山装备租赁公司能得到的法律保障包括出租人租金保障和出租人租赁物保障。

1. 出租人租金保障

租金收取权是融资租赁过程中出租人的基本权利之一。我国《民法典》第七百三十五条是对融资租赁合同概念的界定，明确了承租人的主要义务是支付租金，通过支付租金来获得对租赁物的占有和使用权利，所以对出租人租金收取权的保障关系着融资租赁业的生存与发展。《民法典》第七百五十二条规定，承租人应当按照约定支付租金。承租人经催告后在合理期限内仍不支付租金的，出租人可以请求支付全部租金；也可以解除合同，收回租赁物。

由此可见，矿山装备的融资租赁合同最终目的就是出租人（矿山装备企业或第三方平台）通过融资方式而收取租金，是矿山装备企业或第三方平台最为主要的权利和身份的集中体现。支付给出租人全部租金的意思是既包括已经到期的租金，也包括未到期的租金。将未到期租金的利益考虑进去的原则是，基于承租人的违约行为给出租人造成损失对承租人进行惩罚。如果矿山企业（承租人）逾期不支付租金，出租人请求收回矿山装备前须先解除融资租赁合同，致使矿山企业失去对矿山装备享受占有、使用的权利，从而达到收回矿山装备的目的。

2. 出租人租赁物保障

我国立法明确规定了出租人对租赁物拥有所有权，但融资租赁交易实践中占有权与所有权完全分离的事实使出租人对租赁物的所有权面临极大的风险，如何保障出租人的租赁物所有权需要立法上的明确和司法上的落实。

1）出租人租赁物所有权保障

出租人租赁物所有权保障主要分两种情况，一种是租赁期期满合同没有约定租赁物归属出租人所有权保障，另一种是善意取得出租人租赁物所有权的保障。在矿山装备展开融资租赁业务时，能否切实维护矿山装备生产商或第三方平台（出租人）的矿山装备的所有权，直接决定了出租人开展融资租赁业务的积极性。在矿山装备融资租赁交易中，出租人虽保有矿山装备所有权，但矿山装备长期由矿山企业占有、使用，这种"占有"与"所有"的分离潜藏着巨大的交易风险，如若出于各种目的而私自出让矿山装备或者在矿山装备当中设定他物权于善意第三人，则出租人对矿山装备的所有权将被善意第三人的对抗权所中止。对此，《融资租赁司法解释》第9条对融资租赁租赁物善意取得具体适用法律的问题做出了解释，规定了四种不符合第三人善意取得租赁物的情形以实现对出租人合法利益的保障，分别是：第一，出租人已在租赁物的显著位置做出标识，第三人在与承租人交易时知道或者应当知道该物为租赁物的；第二，出租人授权承租人将租赁物抵押给出租人并在登记机关依法办理抵押权登记的；第三，第三人与承租人交易时，未按照法律、行政法规、行业或者地区主管部门的规定在相应机构进行融资租赁交易查询的；第四，出租人有证据证明第三人知道或者应当知道交易标的物为租赁物的其他情形。显然，在融资租赁期间，矿山装备的所有权归属于出租人，承租人不享有矿山装备的所有权。

2）出租人租赁物取回权保障

我国现行法律中，涉及融资租赁出租人租赁物取回权的内容包括《民法典》和《企业破产法》。《民法典》第七百五十二条规定，承租人应当按照约定支付租金。承租人经催告后在合理期限内仍不支付租金的，出租人可以请求支付全部租金；也可以解除合同，收回租赁物；《民法典》第七百五十七条规定，出租人和承租人可以约定租赁期限届满租赁物的归属；对租赁物的归属没有约定或者约定不明确，依据本法第五百一十条仍不能确定的，租赁物的所有权归出租人。根据《企业破产法》第三十八条规定，人民法院受理破产申请后，债务人占有不属于债务人的财产，该财产的权利人可以通过管理人取回。但是，本法另有规定的除外。从中可知，出租人取回租赁物主要是基于承租人破产情形、租赁到期后双方当事人没有约定租赁物权属和承租人逾期支付租金的违约情形下取回租赁物。出租人行使租赁物取回权的方式主要有两种，一是自力取回，是指出租人直接向承租人请求并且自己取回租赁物。自力取回就本质而言为自力救济的一种方式。另一种是公力取回，是指当事人通过诉讼等公力救济的途径请求法院判决将租赁物返还给所有权人。

目前对矿山装备融资租赁的宏观调控管理、矿山装备的实物管理、融资租赁矿山装备的进市与退市等方面的风险管理以及政府应承担的风险补偿管理明显不足。因此，矿山装备融资租赁服务保障制度应具有前瞻性、系统性、合理性、可操作性，保证规范制度的权威、可行与调控力，为各参与主体的行为提供稳定的预期，使其朝着预期的专业化服务目标方向发展。

12.3 保障制度体系构建

为保障矿山装备融资租赁业务的顺利进行，租赁公司应科学有效地对矿山装备融资租赁保障制度进行体系设计，建立适应公司需要、保障业务运行的规范制度体系并不断地完善。根据保障制度需求分析及相关法律法规支持，对矿山装备融资租赁业务运行全过程实施保障制度体系构建，包括业务运行保障制度、过程管理保障制度、平台化管理保障制度三部分，设计保障制度的基本框架如图 12-1 所示。该框架按照保障矿山装备融资租赁服务规范分类，结合各类规范的需求逐步细化而成，最终规范内容可结合企业业务开展情况与管理重点进行设计。

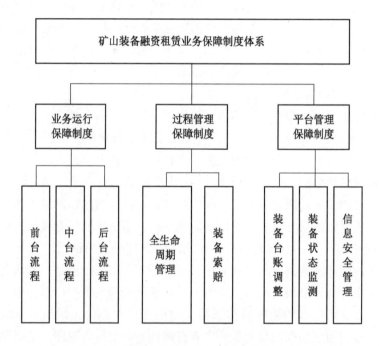

图 12-1 矿山装备融资租赁业务保障制度体系的基本框架

12.3.1 融资租赁业务运行保障制度

业务运行保障制度，是指在矿山装备融资租赁业务运行过程中确立保障制度覆盖全业务流程，保障服务有序、高效运行的制度和管理办法。业务运行保障制度通过全业务流程的设计来加强对业务的控制，把控好业务流程节点，对于防范相关业务风险来说是必不可少的。

在矿山装备融资租赁业务中涉及相关流程一般包括前台、中台和后台，其中前台是整个业务流程的重心，包括租赁合同业务在正式开始之前的所有内容，如客户筛选、项目谈判、合同拟定与签署、审批、放款、装备等；中台包括租赁业务在实施过程中对租赁进行过程管理，如合同文本管理、信息管理、数据管理、客户管理等；后台则是对租赁业务结束后对合同完成收尾工作。融资租赁业务运行保障体系为融资租赁相关业务的执行和审批提供了制度依据。具体涉及的流程及保障制度见表 12-1。

表 12-1 业务流程保障制度

业务流程	保 障 内 容	保障制度
前台流程	保障客户筛选及初步谈判，形成初步的业务方案，对资料的初步收集及书面审核	《客户准入或负面清单制度》
	确认该项目是否需要公司内部风控会（决策会）进行讨论	《项目申报管理办法》
	风控会上会及讨论	《项目评审管理办法》
	决议通过，合理合规制作合同文本	《业务审批流程管理办法》
	对合同文本进行审批、打印、签字	《公司决策委员会决策规则》
	合同签署后办理融资租赁及担保类的相关登记	《合同管理办法》
	进行投放流程，并对相关投放流程进行审批、放款	《项目投放管理办法》
	对合同及相关业务资料进行归档保管	《业务档案管理办法》
中台流程	对合同文本进行管理，做好应对审计、复核检查等工作	《业务档案管理办法》
	租赁公司对客户进行回访	《客户回访管理办法》
后台流程	项目正常回款无逾期，合同结清后对项目进行自动核销	《业务核销管理办法》
	出现逾期，进行逾期催收或诉讼	《逾期催收管理办法》
	对客户诉讼（仲裁）后进行保全执行	《诉讼催收管理办法》

1. 业务前台流程及保障制度

（1）保障客户筛选及初步谈判，形成初步的业务方案（包括融资额度、还款方式、利率、保证金服务费等费用的收取等）。

（2）资料的初步收集及书面审核，制定《客户准入或负面清单制度》。

（3）开展现场调查。在对客户书面审核基本符合公司客户准入条件后，再对客户进行调查，调查人员数量、调查次数可根据需要进行安排，必要时也可以邀请第三方独立的机构协助，如邀请律师事务所进行法律调查等。

（4）撰写《项目可行性报告》。调查结束后，业务相关部门需要撰写相关项目可行性报告，开始公司申报流程。

（5）确认该项目是否需要公司内部风控会（决策会）进行讨论，确认后再按照相关的流程进行。制定《项目申报管理办法》。

（6）风控会上会及讨论。风控部及法务部门出具会前的相关风控意见或法律意见，相关意见如有重大瑕疵或疑问的可提前和相关业务部门或领导沟通，对需上会的项目安排风控会召开，审核部门发表对项目的审核意见（必要时可以邀请第三方独立机构的专家发表意见），并最终形成项目决议内容（决议内容可分为通过、附条件通过和不通过），制定《项目评审管理办法》。

（7）对决议进行复核和签署，并要求相关部门落实相关要求并制作合同文本。合同文本一般均使用租赁公司提供的标准格式合同文本，双方并对合同条款进行谈判和审核，制定《业务审批流程管理办法》。

（8）对合同文本进行审批、打印，租赁主体对合同文本进行面签或者线上签章，面签要求按租赁公司的要求进行，制定《公司决策委员会决策规则》。

（9）合同签署后办理融资租赁及担保类的相关登记，涉及不动产抵押、股权质押的需要到当地相关部门办理，涉及融资租赁登记和动产抵押、应收账款质押的，需要租赁公司及时在中登网上进行登记；制定《合同管理办法》。

（10）进行投放流程，并对相关投放流程进行审批，审批通过后由相关部门（如财务部或资金部）执行放款，制定《项目投放管理办法》。

（11）投放完成后，对相关业务资料（包括项目申报资料、评审资料、合同文本等）进行归档保管。

2. 业务中台流程

（1）对合同文本进行管理，做好应对审计、复核检查等工作，制定《业务档案管理办法》。

（2）财务相关部门做好对租金回款及开票的相关工作。

（3）客户回访。客户回访按租赁公司的要求进行，可定期回访，也可抽查式回访，具体方式由租赁公司决定，制定《客户回访管理办法》。

3. 业务后台流程

（1）项目正常回款无逾期，合同结清后对项目进行自动核销，制定《业务核销管理办法》。

（2）客户出现逾期，则需进行逾期催收或诉讼（仲裁），制定《逾期催收管理办法》。

（3）对客户诉讼（仲裁）后进行保全执行，制定《诉讼催收管理办法》。

12.3.2 矿山装备过程管理保障制度

过程管理保障制度是在矿山装备融资租赁相关业务运行中，明确界定矿山装备在运行过程中的管理制度，以及融资租赁业务过程中的管理制度。基于矿山装备的全生命周期管理，制定保障制度，保障矿山企业在租期内矿山装备的正常使用。

在矿山装备融资租赁中，租赁公司为矿山企业提供矿山装备全生命周期服务，包括矿山装备的选型、采购、配套、到货及验收、运行管理、维修保养、技术改造、数据智能分析、备品配件、搬家倒面，以及矿山装备因承租方经营不当而导致问题的索赔制度。根据矿山装备融资租赁过程管理的不同阶段，建立相应的保障制度见表12-2。

表12-2　过程管理保障制度

矿山装备使用过程	保障内容	保障制度
装备融资租赁总包服务	为承租方提供选定的矿山装备	《矿山装备融资租赁管理办法（总则）》
装备选型配套	根据承租方的矿山工况与企业需求进行矿山装备选型配套	《装备技术管理办法》
装备采购	提供矿山装备采购计划，对装备采购、验收、配送、仓储和结算进行全过程控制	《物资管理办法》《装备采购管理办法》《装备采购管理实施细则》
装备到货及验收	矿山装备按合同、技术协议、验收标准进行验收	《物资管理办法》
装备运行管理	在装备使用过程中进行管理，包括装备的操作规程、编号管理等	《装备运行管理办法》
装备维修	按照维修质量、工期和成本管控标准，提供装备维修服务	《装备维修管理办法》
装备技术改造	根据先进的装备更新理念，对矿山装备进行升级改造	《装备技术管理办法》
装备数据智能分析	借助标准化装备运行监测系统，结合大数据技术对矿山装备进行数据智能分析	《装备技术管理办法》
装备品配件供应	提供矿山装备日常维修必备的配件	《物资管理办法》
装备搬家倒面	提供矿山装备的安装、回撤等搬运工作	《搬家倒面管理办法》
装备索赔	因承租方使用不当，导致出租方对其进行索赔	《装备索赔管理制度》

（1）针对装备融资租赁范围内计划、招标、订货、使用、退租等环节实行全过程管理，制订《矿山装备融资租赁管理办法（总则）》。

（2）针对服务矿山企业的生产接续、现有设备以及对租赁设备的需求等，从装备的先进性、生产能力、现场需求、租赁费价格等方面制定规范，制定《矿山装备选型和配套工作制度》，为矿山装备采购提供一定依据。

（3）针对装备采购计划，对装备采购、验收、配送、仓储和结算进行全过程控制，制定《装备采购管理办法》《装备采购管理实施细则》。

（4）针对装备移交时的完好标准、验收流程以及对可能出现的设备物理损坏、重大故障的责任划分等，制定《矿山装备验收管理制度》《物资验收标准》。

（5）为有效保证装备按正常规程进行操作使用，需建立详细、安全、科学、规范的操作流程。同时，制定租赁设备编号管理制度。对装备进行编号，实现"一物一码"。为保障矿山装备正常运行，同时可以通过编码进行追溯，制定《装备运行管理办法》《装备操作规程》。

（6）为规定装备的大修、项修、日常维护具体责任方、工作流程和费用结算方式，制定《装备维修管理办法》。

（7）根据先进的装备更新理念，为保障矿山装备符合矿山企业的升级而对装备进行升级改造，同时基于大数据分析技术，借助标准化装备运行监测系统对装备进行数据智能分析，制定《装备技术管理办法》。

（8）为规定矿山装备使用期间全过程跟踪检验的工作方式、装备监理师的职责及跟踪检验办法和手段，制定《矿山装备检测检验机制》。

（9）为保证装备备品配件及时供应，提供装备日常维修必备的配件，制定《物资管理办法》。

（10）在承租方经营不善导致矿山装备出现损毁或灭失时，为保障租赁公司的权益制定《矿山装备索赔管理制度》，包括合同管理、成本控制、编制索赔书和索赔谈判流程等部分。设备索赔书，主要包括矿山装备因承租方原因造成物理损失的发生时间、地点和经过，并以确凿的证据证明该原因；矿山装备在出租时的物理状况资料、使用要求情况、承租方使用的情况（矿山装备的工作负荷、状态以及时间等）、在出租企业中的价值、实际遭受的损失和机会成本等。

12.3.3　平台管理保障制度

平台管理保障制度，是指基于互联网时代的先进技术，将矿山装备融资租赁通过平台的方式将矿山装备的使用状态进行直观展示，主要包括平台运行管理、平台信息安全管理有关制度。在互联网时代，租赁公司应加速矿山装备融资租赁服务一体化平台建设，借助互联网信息时代优势，以平台为依托构建矿山装备融资租赁服务高质量发展。通过平台整合各类租赁资源，展示矿山装备在使用过程中的状态监测与故障诊断，以及业务运行中是否存在不正当使用方式，对矿山装备进行智能运维管理，提升平台化管理服务水平。平台管理保障制度见表12-3，主要包括矿山装备台账调整、矿山装备状态监测与平台信息安全管理。

表12-3 平台管理保障制度

矿山装备平台 管理内容	平台管理目标	保障制度
装备台账调整	保障装备台账信息更新及时准确，以便更好地指导资产管理	《设备台账调整及检查办法》
装备状态监测	实时对矿山装备进行状态监测，以判断装备出现故障的概率，进行装备智能运维	《装备状态监测管理办法》
平台信息 安全管理	保障平台内网络安全，保护内部数据，防止机密信息泄露，消除租赁公司潜在的风险	《平台信息安全管理办法》

矿山装备融资租赁租金定价方法

13.1　租金构成

2020 年 5 月 26 日，中国银保监会制定了《融资租赁公司监督管理暂行办法》（简称《暂行办法》），《暂行办法》第 17 条规定："融资租赁公司应当建立健全租赁物价值评估和定价体系，根据租赁物的价值、其他成本和合理利润等确定租金水平。"融资租赁租金除了包括装备的成本定价、服务定价、供求定价和品质定价外，还会根据融资租赁合同中一些具体的交易条款实行风险定价和余值定价。成本定价和品质定价是矿山装备生产或租赁厂商收回投资、实现利润的保障，服务定价、风险定价和余值定价是销售商、租赁服务商收回投资、实现利润的保障。

在矿山装备融资租赁中，租金构成主要包括五部分，分别为矿山装备标的价格、利息、手续费、服务费以及公司利润。

（1）矿山装备标的价格（S_p）。矿山装备标的价格包含租赁物的买价、运输费、保险费、调试安装费等；矿山装备融资租赁标的是相应的矿山装备，在成本主导型定价体系下，进行融资租赁标的（矿山装备）资产的价格，应当为该装备达到预定可使用状态前所发生的可归属于该装备资产的购置价、运输费、装卸费、安装费和专业人员服务费等，即：

矿山装备标的价格＝矿山装备的原价＋运输费＋装卸费＋安装费＋专业人员服务费。

（2）利息（I）。租赁公司作为出租人，为购买矿山企业选定的租赁物向银行贷款而支付的利息，该利息按银行贷款利率的复利计算。

（3）手续费（H_c）。其中手续费是指租赁公司在经营租赁过程中所开支的费用，包括业务人员工资、办公费、差旅费等，因手续费用通常较小，一般均不计利息。

（4）服务费（S_c）。由于租赁公司采用专业化服务为矿山企业通过融资租赁的方式获得矿山装备的使用权，并对矿山装备进行全生命周期管理，包括矿山装备的运行管理、维修、保养、再制造、备品配件供应、搬家倒面等。服务费是指在开展矿山装备全生命周期管理时收取的费用。

（5）公司利润（P）。指租赁公司在融资租赁业务开展中得到的利润。

综上，矿山装备融资租赁租金（R）构成计算公式为：

$$R = S_p + I + H_c + S_c + P \qquad (13-1)$$

13.2 融资租赁租金计算方法

精通租金计算原理是掌握融资租赁业务的核心。融资租赁最重要的特征是以定期交付租金作为唯一的支付方式，因此租金计算是该业务的核心要素。租金计算直接关系承租人和出租人的利益分配，是租赁合同谈判和签约的基本条件，同时又是租赁合同履约过程中双方进行本钱核算、利润核算、财务处理的重要依据。在融资租赁业务中，租赁公司需熟练掌握租金计算方法，并使矿山企业充分了解租金形成的原理、资金与利率以及时间的关系，从而科学公正地获取收益。

13.2.1 影响计算的参数因子

在融资租赁中，影响租金计算的参数因子主要包括租金本金、首期租金、租赁利率、还租期数、租赁余值、先付与后付等因子。

1. 租金本金

在融资租赁中，本金是计算租金的主体。本金包括融资租赁的标的物在到达预定可使用状态前所发生的可归属于该项资产的购置价、运输费、装卸费、安装费和专业人员服务费等。对于矿山装备而言，其本金主要包括：矿山装备的原价、可能的手续费、各种运杂费、维修费、保险费、可能的安装调试费、可能的专业人员服务费等。在融资租赁合同签约前，倘若除购置设备以外上述费用由出租人负担，这些费用将计入概算本金，并据已签订的合同，待结算出实际发生费用后，再调整为实际本金。本金增加会使每期租金和租金总额也相应增加。

2. 利率

在融资租赁中，利率是计算租金的基础。在资金市场上，利率种类很多。在同一时期，因条件和来源不同形成很大差别，按时间可划分为长期利率和短期利率。划分标准以一年期为准，一年内的利率为短期利率，一年以上为长期利率。由于矿山装备融资租赁本身具有涉及金额大、装备使用年限长等特点，所以其融资租赁一般使用长期利率，在整个租赁期内利率保持不变。

显然，利率的高低与矿山企业需支付的租金成正比，直接影响承租人的利益分配，对租赁公司来讲，融资成本构成比较复杂，除了市场因素决定的利率外，还有一些融资杂费。因此，租赁公司报出的利率一般都高于市场利率。

为了降低融资成本，承租人在利率下降且利率水平较高时期愿意使用浮动利率签订租赁合同，在利率上升且利率水平较低时期愿意使用固定利率。出租人为了避免利率风险，使用的租赁利率种类应和融资利率相同。在低利率阶段，租赁公司融资时使用较长期的融资利率，更有利于公司的资金周转和收益。在实际操作中，租赁公司信用及销售管理部门负责制定并发布融资租赁业务的利率和管理费的标准，并根据公司可获得的银行资源、市场变动情况、宏观经济形势、公司经营情况等因素适时地进行调整。融资租赁业务租赁利率是根据不同的首付比例方案，按中国人民银行对应贷款年限贷款基准利率上浮一定比例执行。在融资租赁期限内，若遇中国人民银行调整基准利率，租赁公司利率随之调整。

3. 首期租金

首期租金是租金总额的一部分，与后续分期租金相比，首期租金一般对应的期限较短甚至在出租人支付租赁物购买款时承租人需要将首期租金支付给出租人或者由出租人支付租赁物购买款时直接扣除。

在融资租赁业务中，首期租金金额为设备总款的价格减去融资金额所得到的。通常情况来说，为了规避风险，承租人必须支付包含首期租金在内的首次付款总额，才能提取使用融资租赁的设备，并按照合同要求每期支付租金。首次付款总额包括首期租金、租赁保证金、手续费、保险费和公证费等费用。

4. 还租期数

还租期数指租赁期间的租金结算或还款次数。一般以半年支付一次租金为宜，此种情况下期数等于年数×2，使用年利率时，应折算成半年使用期的利率后方可参加运算。此时的利率为表面利率，比实际利率计算的结果稍高。对于承租人来说，如不考虑汇率对租金的影响，总希望租期长，每年支付期数多，使每期租金相对少一些，以便减少每期还债压力，但实际利率和表面利率的差距会因此增大，租金总额随之增加。出租人则希望租期不要过长以免加大资金回收风险，但每期租赁的金额增加反而使租赁回收难度增大，容易降低租赁资产的质量。

然而，由于矿山装备的融资租赁是以具体的矿山装备作为融资租赁的标的物，所以租期在客观上受矿山装备的使用寿命、法定折旧年限的规定以及项目可行性报告财务分析中投资回收期的限制，不能无限制延长。

5. 租赁余值

租赁余值又称租赁残值，是指融资租赁合同中预计租赁期结束时，预留的剩余融资成本的未来价值，主要为租赁结束时物件需要留购、退租或续租时的处理提供依据。

一般来说，余值是根据标的物折旧年限和租期的差额的百分比乘以本金算出来的，不是租赁物件本身的公允价值或折旧后的财务残值，是租赁双方按照法律依据预先约定的一种融资余值，同会计中的财务残值定义有本质上的区别。租期结束时，若租赁余值低于租赁物件的公允价值时，承租人可以优先按租赁余值购买，否则，承租人可以放弃这个权利。

承租人偿还租金的主要来源是折旧，若租期大于或等于法定折旧年限，在租期结束时不会有租赁余值，不存在留购、续租或退租的问题。

租赁余值是承租人留购矿山装备作价的基础，或承租人进行续租时作为续租的本金。租赁余值的增加可使每期租金减少，但租金总额会因租赁余值的利息、期数等因素而增加。当租赁结束承租人对余值的处理有选择权时，这部分余值需要有担保的，就是担保余值。担保方可能与承租人有关，也可能是与承租人无关的第三方承担，如供货商等，没有担保的部分称为未担保余值。

6. 先付与后付

除了各种参算因子对租金的影响外，租金支付方式也是影响租金多少的重要因素。支付方式有起租即付（先付）和到期付款（后付）之分。先付是指每期起初付款，即：起租时首次还租，以后各期按期还租。后付是指每期期末付款，即：起租后第一期到期日为还款日，以后各期按期还租。先付方式因占用本金时间短了一期，在相同租赁条件下（各参算因子不变），每期租金和租金总额比后付方式要少。

租金计算方法较多，但在应用中以定额年金法为主，因为这种方法便于管理，计算起来相对容易。当每期回收租金与项目评估中的期望值有较大差距，可能增加不能如期回收租金的风险时，我们则应采用其他与项目还款能力和应收租金相适应的租金计算方法，使租金回收更安全可靠。总之，不管用哪种方法计算租金，都应列出租金平衡表，将每期租金的本息和未回收成本分开，使之既可以检验租金计算的正确性，又便于承租人和出租人各自进行规范的财务处理。

13.2.2 租金计算主要方法

由于融资租赁业务属于金融范畴，其租金计算方式与贷款的租金计算方式类似。矿山装备融资租赁租金是租赁双方共同商议确定的，合理的租金应既能满足出租人营利性和安全性的要求，又能满足矿山企业对矿山装备的各种需求。由于租赁物（矿山装备）及融资租赁模式的多样性及复杂性，因此矿山装备融资租赁租金计价方法具有灵活性与创新性。租金的大小直接关系到租赁双方的利益，是租赁合同谈判和签约的基本条件，同时又是租赁合同履约过程中出租人与承租人进行成本核算、利润核算、财务处理的重要依据。所以，融资租赁租金计算方法则是矿山装备融资租赁研究中的重中之重。

1. 固定利率计算方法

矿山装备融资租赁按固定利率来计算矿山装备的租金的方法，可分为等额年金法和等额本金法。

等额年金法采用复利的利息方式，按照承租企业所需设备的租赁时间，并按合同约定的期数和利率，对租赁设备按期收取等值金额（设备价值的本金和利息），是比较常用的方法。按支付时间的不同等额年金法可以采用期末或期初支付。优点是每期租金相同，出租人收益稳定，承租人计算、操作简单，支付每期租金方便，缺点是由于利息不会随本金的归还而递减，资金占用时间长，承租人支付的总利息比等额本金偿还模式多。由于等额年金偿还模式前期租金偿还压力比等额本金还款模式小，因此该偿还模式适用于资金流不充裕或经营前期收入水平较低的项目。

等额本金法是指在租赁期限内承租人每期偿还租金中的本金是相等的，偿还的利息受租赁本金不断减少的影响越来越小，其优点是随着时间的增长，承租人租金偿还压力逐渐减轻；缺点是在租期初期承租人租金偿还额比等额本息偿还模式高。由于等额本金偿还模式租期初期承租人偿还的租金较多，偿还的利息比等额年金偿还模式少，因此该偿还模式适用于偿债能力较强的项目或者有意向提前回购的承租人。

2. 浮动利率计算方法

在租赁设备的购置成本上再加上一个特定的附加利率来计算租金的方法称为附加率计算方法。该方法是一种高额租金计算方法。附加利率按照营业费用和预期利润来确定，通常取出租人的纳税税率作为附加利率。附加率计算法利息使用固定利率并按单利计算，按期分摊本金利息，在每期租金的基础上加上附加费用。附加率计算方法利率虽然不高，但是由于每次支付租金都要额外支付一定的附加费用而变得很高。

3. 隐含利率计算方法

隐含利率相当于综合平均利率，并不是使用的利率，而是验证利率。在已知购置费、租赁期数的条件下，通过对每期租金的逆运算，计算出隐含利率。具体算法与内部收益率算法类似：假设一个折现率把设备的每期租赁费用折成现值，减去租赁本金，如果两者之间的差值大于零，则增加折现率，直至两者的差值小于零。相反，如果两者之间的差值小于零，需要减小这个折现率，使两者的差值大于零，并且要求这两个折现率为 2% ~ 5%，用插值法计算出隐含利率。租赁企业的实际收益率能通过隐含利率计算得出。

13.2.3 租金计算公式

1. 包含利息的各期租金计算公式

（1）宽限期末日合同成本计算公式。宽限期末日合同成本是起租日合同成本的自起租日至宽限期末日的以起租日合同年利率计息的本利和。在矿山装备融资租赁业务中，考虑到矿山企业的资金周转流通可能存在速度较慢的问题，通常对还款方设定一个宽限期，在理论租金支付日后多少天内支付则并不收取违约金（罚金）。在矿山装备进行融资租赁过程中，宽限期由出租人来决定，在宽限期内只用来收取利息，本金平摊，用以缓解矿山企业的还款压力。第一次宽限期及以后宽限期末合同成本计算公式为

$$C = C_s \times \left(1 + \frac{I_s}{360} \times G \right) \tag{13-2}$$

式中　　C——宽限期末合同成本；

　　　　C_s——起租日合同成本；

　　　　I_s——起租日年利率；

　　　　G——宽限期天数。

（2）等额本金先付的租金计算公式：

$$R = C_s \times \left[1 + \frac{\left(1 + \frac{I}{N} \right)^{t-1}}{\left(1 + \frac{I}{N} \right)^t - 1} \right] \times \left(\frac{I}{N} \times \frac{365}{360} \right) \tag{13-3}$$

式中　　R——各期租金；

　　　　I——合同年利率；

　　　　N——每年支付次数；

　　　　t——支付租金的期数。

（3）等额本金后付的租金计算公式：

$$R = C_s \times \left[1 + \frac{\left(1 + \frac{I}{N} \right)^t}{\left(1 + \frac{I}{N} \right)^t - 1} \right] \times \left(\frac{I}{N} \times \frac{365}{360} \right) \tag{13-4}$$

（4）只付利息不还本金的租金计算公式：

$$R_t = C_t \times \frac{I_t}{360} \times D_t \tag{13-5}$$

式中　　R_t——本期租金；

　　　　C_t——本期期初日合同剩余成本；

　　　　I_t——本期年利率；

　　　　D_t——本期天数。

2. 隐含利率计算公式

$$R_x = P - \sum_{i=0}^{n} A_t \times (1 + X)^{-t} = 0 \qquad (13-6)$$

式中　R_x——起租日时的净现值；

A_t——各期租金；

X——隐含利率。

通过使得上式成立，来计算矿山装备融资租赁的隐含利率。

13.2.4　租金综合指标计算

在矿山装备融资租赁中，隐含利率、各期资金占用额、综合年利率、资金净收益率等是衡量和评价租金可行性和经济效益的一些重要指标。因此，在计算出各期租金之后，还应计算相应的租金综合指标，用来评价矿山装备融资租赁项目的可行性和经济效益。

（1）各期资金占用额计算：

$$C_N = C_{N-1} - [R - (C_{N-1} \times i_t)] \qquad (13-7)$$

式中　C_1，C_2，$\cdots$，C_N——各期资金占用额；

R——各期等额租金；

t——期数；

i_t——第 t 期利率。

矿山装备融资租赁项目资金总占用额为

$$C_H = \sum_{i=1}^{N} C_N \qquad (13-8)$$

（2）等额还本的资金占用额计算：

$$C_N = C - \frac{C}{M}(t-1) \qquad (13-9)$$

式中　C——起租日合同成本；

M——总期数。

矿山装备融资租赁项目资金总占用额为

$$C_H = \sum_{i=1}^{N} C_N \qquad (13-10)$$

（3）折合占用一年资金指标计算：

$$C_O = \frac{\sum\limits_{i=1}^{N} C_N}{\frac{12}{m} \times T} \qquad (13-11)$$

式中　C_0——折合占用一年资金；

　　　m——每期月数；

　　　T——租期。

（4）综合年利率与资金年净收益率计算：

$$I_y = \frac{R - C_y}{C_0} \tag{13-12}$$

$$I_z = \frac{Q}{C_0} \tag{13-13}$$

式中　I_y——综合年利率；

　　　R——租金总和；

　　　C_y——总成本；

　　　I_z——资金年净收益率；

　　　Q——净现值收益。

矿山装备融资租赁项目评估与运作

14.1　项目筛选与评估

14.1.1　项目调查

矿山装备融资租赁公司对项目开展调查主要目的是了解与租赁项目和矿山企业有关的一切情况，在调查过程中应从多方渠道尽可能地了解矿山企业的相关信息，包括企业的基本情况（经营资质许可、信用度情况、盈利情况、欠债情况、租金偿还能力等），并掌握真实资料及真实的原始书面材料、副本材料或者口头证言，以保证项目调查的真实性。

1. 项目调查原则

（1）客观性原则。客观性原则是指在开展调查时客观了解企业真实情况，不能加入调查者的主观态度与可能存在的先入为主的个人成见，调查结论必须客观、真实、具体地反映矿山企业信息。

（2）系统性原则。系统性原则指开展调查时需要从系统整体性出发，从多角度、多侧面去获得有关的材料，进行全面调查，避免以偏概全，以局部的、零散的材料说明总体、全面的情况。调查时应全面收集有关企业生产和经营方面的信息资料，既要了解矿山企业的生产和经营实际，又要了解行业内竞争对手的有关情况；既要认识矿山企业内部机构设置、人员配备、管理素质和运营方式等对融资租赁项目的影响，也要调查经济环境、金融环境、社会环境等外部环境对矿山企业的影响程度；既要调查矿山企业以往的特点，又要调查其新产生的特点，并了解矿山行业最新的发展状况与发展趋势。

（3）科学性原则。项目调查并不是搜集情报、汇总信息的简单活动，而是应该在时间和经费有限的情况下，获得更多更准确的资料和信息，对调查项目的过程进行科学的安排。在汇集调查资料的过程中，需要专业人员对调查得到的大量信息进行准确严格的分类和统计，精确地反映调查结果。

（4）灵活性原则。在项目调查过程中，由于项目本身具有一定的复杂性，如调查项目中矿山企业的资金情况、信用情况、风险情况等，或者该项目的风险情况、法律政策、发展前景等，因而一定要适应情况的变化，注意灵活性，根据所调查项目自身的特点，灵活对待，随时调整，以保证取得可信度高的项目调查报告。

2. 项目调查主要内容

项目调查内容主要包括对矿山企业调查以及对租赁项目调查。

1）矿山企业调查内容

（1）企业概况简介。包括企业的营业执照、年检情况、股权结构、法人代表、控股股东与实际控股人等。

（2）企业经营状况分析。评估矿山企业的经营模式、市场份额、竞争优势等，以了解其在矿山行业内的地位与竞争力。

（3）企业财务报表分析。调查企业的财务报表，对矿山企业的财务状况进行深入调查，包括收入预测、成本结构、现金流、资金链等，详细分析企业盈利能力与偿债能力。

（4）信用状况评价。调查企业的信用状况，以判断企业是否具有良好的信用，及时规避信用风险的产生。

（5）企业面临风险分析。调查并识别企业可能面临的风险，包括安全生产风险、市场风险、财务风险、技术风险等。

（6）企业管理能力。调查矿山企业的管理层，包括管理层的管理团队的经验与专业知识，判断其是否能够有效管理租赁矿山装备。

2）租赁项目调查

（1）项目预期效益评价。调查并分析矿山装备融资租赁预期带来的经济效益，以判断租赁公司是否值得开展融资租赁项目。

（2）矿山装备资产评估。对矿山装备资产进行评估，确保其技术可行性、可靠性，保障矿山装备未来价值。

（3）项目风险分析。识别项目可能面临的风险，包括经济性风险、市场性风险、管理性风险、信用性风险与法律性风险等。

（4）项目环境与社会影响。考虑租赁项目对环境和社会的潜在影响，以确保项目符合可持续发展和社会责任的原则，以及符合社会责任的期望。

科学合理的项目调查有助于矿山装备租赁公司更好地了解在矿山装备融资租赁项目中的具体内容以及潜在风险与回报，从而做出正确的决策，更好地管理风险，实现投资的预期收益，达到预期的经济效益。在汇总所有调查结果后，应形成一份全面的尽职调查报告，为租赁公司是否进行投资提供决策依据。

14.1.2 可行性分析

在完成项目调查后，对矿山企业的调查以及对租赁项目的调查仅为租赁项目的评估提供了基础资料，还需要业务人员对融资租赁项目进行全面的分析与评估，并撰写能够反映出租赁项目真实状况的《可行性分析报告》。

可行性分析报告对项目市场、技术、财务、工程、经济和环境等方面进行精确、系统、完备无遗的分析，完成包括市场和销售、规模和产品、厂址、原辅料供应、工艺技术、设备选择、人员组织、实施计划、投资与成本、效益及风险等的计算、论证和评价，选定最佳方案，依次就是否应该投资开发该项目以及如何投资，或就此终止投资还是继续投资开发等给出结论性意见，为投资决策提供科学依据，并作为进一步开展工作的基础。

1. 编写依据

对项目进行详细可行性分析，详细的编制参考依据主要有：国家有关的发展规划、计划文件；对矿山行业的鼓励、特许、限制、禁止等有关规定；项目主管部门对项目建设要请示的批复；项目审批文件；项目承办单位委托进行详细可行性分析的合同或协议；矿山企业的初步选择报告；主要矿山装备的技术资料；矿山企业地区环境现状资料；国家和地区关于矿山企业生产经营的法令、法规；国家有关经济法规定；国家关于矿山企业建设方面的标准、规范、定额资料等。

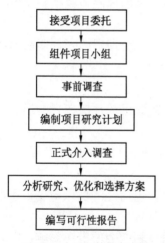

图 14-1　可行性分析报告
编写流程

在项目可行性研究报告编制过程中，尤其是对项目做财务、经济评价时，还需要参考如下相关文件：《中华人民共和国会计法》（主席令第 24 号），2000 年 1 月 1 日起实施；《企业会计准则》（财政部令第 5 号），2007 年 1 月 1 日起实施；《中华人民共和国企业所得税法实施条例》（国务院令第 512 号），2008 年 1 月 1 日起实施；《中华人民共和国增值税暂行条例实施细则》（财政部、国家税务总局令第 50 号）2009 年 1 月 1 日起实施；《建设项目经济评价方法与参数（第三版）》，国家发展和改革委员会 2006 年审核批准施行；其他相关的法律法规文件。

可行性分析报告编写流程如图 14-1 所示。

2. 可行性分析报告内容

（1）承租企业基本概况。承租企业基本概况包括负责人情况、信誉情况、财务报表及财务分析，股权结构分析、对外投资分析、产品市场份额等。

（2）投资项目基本情况。投资项目基本情况包括投资项目的审批及资金落实情况、投资效益预测、现金流及偿还能力分析、租赁物价值认定、租赁物质量及技术含量等。

（3）风险的分析及防范。风险的分析及防范包括项目风险及防范措施、项目退出机制、项目担保方式、担保单位概况等。

（4）项目后期管理方案。项目后期管理方案包括配套资金方案、项目后期管理方案、长期合作协议等。

14.1.3 项目评审

项目评审，顾名思义就是关于审查和批准项目计划、项目变更和工作进展评价。项目评审的输入、步骤以及它的输出结果取决于不同的评审评分与分类。不同的评审类型，它的输入、输出、过程、步骤都是不同的。在整个项目管理生命周期里，通常需要有多个项目评审。

1. 评审原则

1）客观分析原则

租赁项目的评审，必须根据客观事实来判断。在评审过程中，业务部门提供租赁项目的可行性分析必须以客观事实为依据，以相应的、真实的、有说服力的原始书面材料、副本材料或者口头证言。保证上述文件和证言真实、准确、完整，文件上所有签字与印章真实，复印件与原件一致。

2）风险全面考虑原则

租赁公司的内部评审部门，在评审租赁项目的时候，应该去假设租赁项目可能出现的一切风险。要将租赁项目已经存在的问题和可能发生的风险进行准确判断与预测。预测风险，并不等于证明租赁项目是不可行的，反而将租赁项目可能出现的风险预测得越多，租赁项目的风险防范就会越到位，项目所能提供的目标和依据越具体，租赁项目实际出现风险的可能性才会越小，可以为最大限度地减少风险损失，预先奠定一定的防范基础，从而使可能发生的风险转变成不会发生的风险。

3）综合评估原则

综合评估项目本质上就是将项目的可行性与不可行性进行比较，衡量得失利弊。在矿山装备融资租赁中，绝大多数项目都属于有利有弊的项目：有的融资租赁项目市场潜力巨大，但矿山企业却实力有限；有的矿山企业实力很强，但该矿产企业面临着矿产价格下降、市场过度饱和的窘境；有的企业风险较小，却无法提供有效担保；有的项目具备较强的担保，但项目风险却较大。租赁公司必须经过全方位的综合评估，才能对项目进行评审。

4）集体评估原则

任何个人或部门对租赁项目的评估，出于地位、角度、利益等因素的影响，都难免会出现一定的偏差。为了保证项目评审的相对客观、公正、透明，租赁公司有必要对所有的租赁项目都采取集体审议的方式。体审议就是由租赁公司各部门负责人或业务骨干，组成专门的项目评审委员会，根据业务部门和评审部门的评审意见，对租赁项目进行综合评审。在评审过程中，评审委员们不必再逐项审查租赁项目的所有内容，而主要针对业务部门与评审部门之间存在的不同意见，将问题公开、公平、公正地进行全面的分析和深入的讨论。

2. 项目评审流程

矿山装备融资租赁项目的评估应与项目的立项同步进行，在评估过程中，不断地对项目可行性和租赁条件进行调整，真正能科学地选择项目，给予切合实际的正确的评价才能减少风险。评估主要步骤为项目初评、实地考察和项目审批。

1）项目初评

租赁公司根据企业提供的立项报告，项目建议书及其他相关资料，通过当面洽谈，摸清项目的基本情况，将调查数据与同类项目的经验数据比较，进行简便估算，结合一般的感性认识对项目初评。若租赁公司认为项目可行，企业可以进一步编制《可行性报告》，办理项目审批手续。

2）实地考察

租赁项目通过初评后，矿山装备租赁公司必须派人深入矿山企业进行实地考察，全面了解企业的经营能力和生产能力及其相应的技术水平和管理水平的市场发展动态信息，了解矿山企业的财务状况、负债情况、盈利模式等。矿山企业应给予真实的材料并积极配合，以便项目考察顺利通过。

3）项目审批

矿山装备租赁公司的项目审查部门对企业提供的各种资料和派出人员的实地考察报告，结合企业立项的《可行性报告》，依据项目评估原则从多方面因素进行综合分析，全面评价项目的风险和可行性，决定项目的取舍，并确定矿山企业风控能力。如果项目可行，风险在合理可控的范围内，即可编制项目评估报告，办理内部立项审批手续。

3. 项目评分与分类

租赁公司的评审部门可以根据相应的评分标准，制定出不同的项目类别，对优质项目可以优先投放，采取优惠收费标准；对一般项目则适当推迟投放，并相应提高收费标准。根据评分标准，可将项目划分为甲乙丙丁四类，针对不同类别的项目，采取不同的收费标准：优先审批甲乙类项目，适当限制丙类项目，对丁类项目租赁公司应从严控制或拒绝。

14.2 项目谈判

14.2.1 谈判前准备

在签订合同时，当事人应当进行充分的协调和谈判，通过合同明确责任，防止合同漏洞，预防风险，与此同时，当事人在合同签订前应当做好充分的准备工作，为融资租赁合同的实际履行打下良好的基础。

1. 融资租赁合同主体资格的审查

在矿山装备融资租赁中，由矿山装备厂商或第三方平台作为出租人。依照《民法典》的相关规定，融资租赁合同的出租人是一般主体，包括自然人、法人和其他组织。在融资租赁的实践中，由于融资租赁具有融资性的特征，出租人要求具有一定的资金实力，故一般而言，只有法人才可能具有融通资金的实力而可能成为融资租赁合同的出租人。但是，由于国家对开展融资租赁业务的法人往往会加强监管并通过行政审批控制其数量，所以，并不是所有的法人或者所有的租赁公司都能成为融资租赁合同的出租人，只有通过审批、具有经营融资租赁业务资质的租赁公司才能成为融资租赁合同的出租人，才有资格与承租人签订融资租赁合同。

2014 年，中国银行业监督管理委员会公布《金融租赁公司管理办法》。该办法将"经银监会批准，以经营融资租赁业务为主的非银行金融机构"定义为金融租赁公司，并对金融租赁公司的资质等内容做出了较为具体的规定。对于承租人的主体资格，法律上和事实上都没有特别要求。作为融资租赁合同的承租人，可为一般主体，即自然人、法人和其他组织都可成为融资租赁合同的承租人，个别国家用法律的形式对承租人的法律属性进行了规定，如法国的《融资租赁管理条例》规定，融资租赁交易中的承租人只能是法人。大多数国家虽然没有明确规定，但事实上，融资租赁交易中的承租人多为法人。

2. 矿山企业（承租人）的谈判前准备

在矿山装备融资租赁合同中，矿山企业为矿山装备的主要使用者，是租赁矿山装备的承租人。自主选择拟租赁设备是其融资租赁交易中所拥有的权利之一，出租人不得干预承租人对租赁物的选择，所以出租人对租赁物造成的风险具有免责的权利，而由承租人全权负责，所以承租人应当谨慎选择租赁物，选择适合自身进行矿山开采的矿山装备。

在贸易合同签订前，矿山企业应尽量争取与同类矿山装备的不同制造厂或者其他供应商进行广泛的接触，对供应商的资信、矿山装备的质量进行充分的调查研究，并根据自己的需要和经验进行判断，最终选择出符合自己设备投资计划并且能够发挥作用的矿山装备。

3. 租赁公司（出租人）的谈判前准备

租赁公司是融资租赁项下租赁合同中的出租人，是贸易合同中的付款人，在矿山装备租赁交易中，提供资金，且资金数额庞大。为实现预期的利润，合同订立前，其必须进行全面的评估并做出准确的判断。在融资租赁合同项目下的租赁合同签订前，租赁公司的准备工作主要包括对承租人的信用审查和设计融资租赁交易的结构。

1) 对承租人的信用审查

当承租矿山企业表达了对出租人的矿山装备租赁融资的需求时，租赁公司的信用管理部门应该尽快根据承租人的需求，结合矿山装备的各项信息，判断矿山装备是否满足一定的信用标准，以此来保证其有能力履行融资租赁合同，有能力还款，保障租赁公司的利益。

不同的租赁公司对矿山装备的信用审查标准不同，一般而言，审查的内容主要集中在用户的资信、经营能力和盈利能力三个方面：①审查用户的资信，即审查用户的资产和信誉情况，主要包括矿山企业历史的支付情况、现有的资本和负债、当前的财务状况以及未来的现金流等，审查方法是查阅其资产负债表及其相关的会计资料。②审查矿山企业的经营管理能力。经营管理是企业实现利润的重要条件之一，直接关系到租赁设备、生产能力的发挥程度，影响企业的盈利能力。③审查矿山企业的盈利能力。用户目前的盈利状况以及业绩对企业的未来发展具有一定的预见性，向盈利能力较强的用户提供融资，租赁公司的利润才有保障，承担的风险才相对较小。经过信用管理部门的审查，在承租人符合一定的信用标准后，租赁公司会对融资租赁交易进行进一步的审查。

2) 设计融资租赁结构

在矿山企业满足一定的信用标准后，租赁公司应开始着手融资租赁结构的设计，首先，租赁公司的租赁定价人员需要开始初步概算租赁物的租金总额；其次，租赁公司的资产管理部门要计算在该项交易下租赁资产（主要为矿山装备）的残值大小。

（1）租金的计算。租金是租赁服务业产品的价格，是租赁交易按等价原则进行的具体体现。对承租人而言，租金是出租人让渡资产的使用权时，承租人给出租人支付的等价物；对出租人而言，租金是出租人在提供租赁服务过程中所取得的经营收入，其目的在于以租金为收益形式而获得一定的回报。租金主要由租赁收益与租赁净投资构成，其中，租赁净投资是设备购置成本，租赁收益包括融资成本、手续费和利润。

（2）残值的计算。租赁资产的管理部门通常根据以下因素来估计残值的大小：第一，矿山装备的种类；第二，融资租赁的租期；第三，拟租赁矿山装备市场的当前状况和预期的状况；第四，矿山装备预期的使用情况；第五，矿山装备潜在的技术变化。租赁公司的定价人员在得到资产管理部门所确定的残值金额后，从公司的财务部门取得公司当前资金规模和成本的信息，将这两部分信息与承租人关于租期的需求结合起来，设计融资租赁交易的结构，包括租金和租金支付方式等环节。

14.2.2 合同谈判内容

我国《民法典》第七百三十六条规定："融资租赁合同的内容包括租赁物名称、数量、规格、技术性能、检验方法、租赁期限、租金构成及其支付期限和方式、币种、租赁期间届满租赁物的归属等条款。"

矿山装备租赁公司与矿山企业就合作达成初步意向后，针对承租人的具体需求以及双方掌握的信息共同选择和确定供货商，在价格、性能、技术含量、零配备件供应、售后服务等方面进行综合比较，选定最终供货商。融资租赁合同由矿山企业和租赁公司双方签订，是融资租赁业务的重要法律文件，合同以书面形式签订，内容分为一般条款和特殊条款。一般条款主要包括合同说明、名词解释、租赁设备条款、租赁设备交收条款、税务和使用条款、租期和起租日期条款以及租金支付条款等；特殊条款主要包括购货合同和租赁合同的关系、租赁设备的使用权、租期中不得退租、对出租人和承租人的保障、承租人违约与对出租人的补救、保险条款、租赁保证金和担保条款、租赁期满对设备的处理条款等。

具体来说，一份完整的矿山装备融资租赁合同应包括以下谈判内容：①所需矿山装备的名称、规格、数量、技术性能、质量、价值等；②租赁期限及起租日期；③矿山装备交付日期、地点和交付条件、验收方法，所有权归属，用途和使用的约定等；④租金的计算、支付办法，各期租金的数额和支付日期；⑤矿山装备保险、维修、保养责任和费用的承担；⑥承租矿山企业担保情况；⑦有关续租、留购的约定，留购矿山装备的价格和条件，留购后所有权转移的条件和程序；⑧矿山装备毁损、灭失及不可抗力事件的处理办法；⑨合同生效、变更、终止、解除的条件和程序；⑩违约责任条款；⑪合同争议的解决办法；⑫合同签订的时间、地点、当事人签章；⑬其他约定条款等。

14.2.3 合同主要条款

根据融资租赁合同谈判的主要内容，融资租赁合同主要条款一般包括租赁物有关条款、租金有关条款、租赁期限有关条款及担保条款。

1. 租赁物（矿山装备）条款

在矿山装备融资租赁中，关于租赁物的条款主要包括矿山装备的购买、交付、使用与服务、灭失及损毁赔偿、保险以及租赁期满后处理方式。在矿山装备融资租赁合同中，要明确矿山装备的名称、规格、牌号、数量、制造厂商、设备的技术性能、出厂日期、交货日期、验收时间、验收地点、验收方法等内容，在约定上述内容时，应当使用专业术语或者规格标准。同时，必须说明出租人是应承租人的要求购进承租人所选定的租赁物，按照双方共同商定的条款将租赁物交承租人使用，明确出租人只承担融资的责任，从而有利于分清出租人和承租人在矿山装备质量与规格、技术性能等方面的责任，这也是出租人对租赁物的质量、规格、技术性能等事项免责的重要依据。

1）矿山装备购买条款

矿山企业根据自己的需要，自主选定所需的矿山装备及厂商。乙方对租赁物件的名称、规格、型号、性能、质量、数量、技术标准及服务内容、品质、技术保证及价格条款、交货时间等享有全部的决定权，并直接与卖方商定，乙方对自行的决定及选定负全部责任。甲方根据乙方的选定与要求与卖方签订购买合同。矿山企业向租赁公司提供各种批准或许可证明，租赁公司负责筹措购买矿山装备所需的资金，并根据购买合同，办理各项有关的装备购买手续。

2）矿山装备交付与瑕疵处理条款

租赁公司通过筹集资金购买矿山装备后向矿山企业交付。矿山企业向租赁公司提交取货单，同时提交矿山装备物件收据，即视为交付矿山装备。在完成交付后，由矿山企业对矿山装备自负保管责任。因不可抗力或政府法令等原因而引起的延迟运输、卸货、报关等而延误了矿山企业接收时间或导致其不能接收租赁物件，租赁公司不承担责任。如装备供货商延迟租赁物件的交货，或提供的租赁物件与购买合同所规定的内容不符，或在安装调试、操作过程中及质量保证期间有质量瑕疵等情况，由装备供货商负责，租赁公司不承担赔偿责任，索赔费用和结果均由矿山企业承担。

3）租赁物（矿山装备）的使用、保管、维修和保养条款

在矿山装备融资租赁合同中，出租人实质上只提供资金，租赁物的使用权及保管、维修、保养的责任完全归承租人，但是出租人又是租赁物的所有权人，因此，对租赁物的使用、保管、维修和保养等事项，当事人应当在融资租赁合同中予以明确约定。一般来说，该条款主要应当包括以下内容：①承租人必须按照技术操作规程的要求使用租赁物，否则应当向出租人承担损害赔偿责任；②未经出租人书面同意，承租人不得改变租赁物的整体结构，但可要求出租人对租赁物进行技术改造和旧部件更新，更新改造的费用由承租人负担；③承租人应当负责对租赁物的维修、保养，出租人对租赁物的维修保养不负责任，对此应当在融资租

赁合同中予以明确约定；④在矿山装备融资租赁交易中，矿山企业在使用矿山装备时难免会产生矿山装备的正常磨损，承租人不承担责任，避免承租人返还租赁物时双方因租赁物的品质问题而发生纠纷。

4）租赁物的保险条款

由于矿山装备融资租赁的租赁物为矿山装备，其价值通常都比较大，为了减少风险，降低损失，当事人都会对租赁物进行投保。租赁物的保险是预防合同风险的重要手段。在融资租赁合同中，应当将租赁物的保险事项作为合同的主要条款之一。租赁物的保险条款应当包括以下主要内容：①明确租赁物的投保人，解决由谁为租赁物投保的问题。融资租赁合同的租赁物既可由出租人投保，也可由承租人投保，这由承租人与出租人自主约定。由于出租人具有租赁物的所有权，而租赁物的使用权属于承租人，因此，一般以出租人的名义投保，保险费计入租金，由承租人进行支付；②选择保险人。无论由谁投保，都要共同协商确定保险人；③投保的类型，一般包括运输险、财产险、机器损坏险、利润损失险、公众责任险等；④投保金额。投保金额与保险标的物价值、预计赔偿金额密切相关，因此，租赁物投保的具体金额由出租人与承租人协商确定。根据保险法的规定，投保金额可以小于或者等于租赁物的价额，但不得大于租赁物的价额；⑤保险期限。租赁物的保险期限应当与租赁期限一致，即自起租日至融资租赁合同终止之日。在保险期限内，投保人应当按时缴纳保险费，并向对方当事人出示保险费收据；⑥保险赔偿金的受益人。租赁物的所有权人是出租人，理论上讲，保险单上的受益人应当是出租人，但也可约定出租人和承租人作为共同受益人；⑦保险金的分配。保险赔偿金首先应当用于修缮租赁物，或者补偿承租人修缮租赁物支出的费用，但是保险赔偿金不足以支付修缮费用或不足以补偿承租人租赁之初的修缮款项时，不足部分由承租人负担。租赁物灭失或者损毁至无法修理程度，保险赔偿金应当扣抵出租人应收租金和损失，不足部分由承租人赔偿。

5）租赁期限届满后租赁物的归属条款

在融资租赁合同中，双方应对租赁期限届满时租赁物的归属问题做出明确约定，以便合同的履行和顺利终止。租赁期限届满后，租赁物的归属有三种处理办法：留购、续租与退租。留购是指租赁期限届满时，承租人在付清租金及其他款项的基础上，再向出租人支付一定的款项，取得租赁物的所有权；续租是指租赁期限届满时或者届满前一定的时间，双方当事人就承租人继续使用租赁物达成协议，并重新订立租赁合同，约定租赁期限、租金等事项；退租是指租赁期限届满后，承租人将租赁物返还出租人，双方的融资租赁关系终止。

2. 租金条款

收取租金是出租人最主要的权利，支付租金是承租人最主要的义务，租金条款是融资租赁合同的主要条款之一，其主要包含租金构成与租金支付方法两部分内容。

根据中华人民共和国财政部（85）财工第29号文件规定，"租赁设备所需的租金包括租赁手续费、利息以及构成固定资产价值的设备价款、运输费、途中保险费、安装调试费"。根据此项规定，融资租赁合同的租金应当由矿山装备的购置成本、融资成本、手续费和利润四部分构成。

租金的支付方式是指在确定了租金计算基数和租赁利率的条件下，承租企业向租赁机构偿还租赁机构的租赁投资的过程，在融资租赁的实践中，租金的支付方式可因承租企业的不同而多种多样。

根据矿山装备融资租赁定价体系，矿山企业在融资租赁中所付的租金计算公式为：

租金＝矿山装备标的价格＋租赁公司支付银行的利息＋手续费＋装备全生命周期管理服务费＋租赁公司利润。

3. 租赁期限条款

租赁期限是指出租人与承租人共同约定的起租日期到租赁终止日期之间的时间间隔，能够影响出租人与承租人之间权利义务关系存续的时间、每期租金支付的比例、租金支付的总额等。在租赁期间内，承租人对租赁物（矿山装备）具有绝对使用权，出租人不得干涉，而承租人则应遵照商定的日期按期交付租金。

1）租期条款

从承租人与其所选定的租赁矿山装备之间的租赁关系来看，租期可以分为基本租期和续租期。基本租期是融资租赁交易中选定租赁设备的承租人首次租用设备的期限，相对于续租期，是一较长的期限；续租期是指基本租期届满后，对期末租赁资产所有权的处置方式，承租人选择了续租选择权，承诺再次租用该矿山装备的期限。通常，如果没有特别说明，租期就是指基本租期。租赁期限一般根据租赁物的使用年限确定：矿山装备的实际耐用年限是决定租期长短的上限，而租期的下限则是由租赁交易的根本特性所决定的。基于矿山行业融资租赁的特点，其租期必然在一年以上。与租赁期限紧密相关的是租赁物的起租日，它决定了租赁期限的起点以及承租人支付租金的时间。目前，在我国有三种办法确定起租日：一是开证日付款日，即以租赁机构开出信用证的日期或者实际支付货款的日期为起租日；二是提单日，即以承运人开出提单的日期为起租日；三是交货日，根据交货地点的不同，又分为货抵承租企业指定港口的日期和货抵承租企业使用地的日期。

2）合同提前终止条款

融资租赁合同的解除与一般合同的解除相比有着更为严格的条件。融资租赁合同中一般都有类似"除合同约定条款外，未经对方书面同意，任何一方不得中途变更合同内容或解除合同"的规定，即所谓的"中途禁止解约条款"。当然，尽管融资租赁交易中承租企业无权单独提出提前终止租赁合同，但这并不意味着租赁合同不能提前终止，在出现法定或约定的特殊情况下，仍然允许当事人基于其一方或双方的意思表示使合同归于消灭的。

一般而言，当租赁合同执行过程中出现了严重损害出租人作为租赁资产所有者的所有权益或作为债权人的债权利益时，出租人为了保障其应有的权益可以采取提前终止合同的措施。从租赁市场的实践来看，导致租赁机构提前终止租赁合同的主要原因有：①承租人出现严重的违约行为，包括矿山企业因供货人所提供的矿山装备与合同不符、存在瑕疵或严重质量问题时拒付租金；矿山企业因财务状况恶化而导致到期无力支付租金，且多次拖欠租金致使拖欠租金金额较大；承租企业越权处置租赁物件等。②租赁设备灭失。租赁设备灭失是指由于各种人为与非人为原因，导致租赁物（矿山装备）严重损坏而无法继续使用，或不复存在而无法使用的情况。通常，承租人与出租人会在租赁合同中事先界定各种违约行为，并针对不同程度的违约行为约定不同的措施。

除上述主要条款外，当事人还可依据不同的矿山装备融资租赁业务模式，在融资租赁合同中约定转租的条件、租赁债券的转让、租赁物的抵押等内容。

4. 保证金及担保条款

1）保证金

为确保承租人支付租金，当事人可以约定由承租人支付一定数量的保证金，该保证金具有预付款的性质。一般约定，合同生效时承租人将保证金支付给出租人，承租人全部履行合同约定的支付义务时，出租人将保证金返还承租人，双方也可以约定利用保证金冲抵最后一期的租金。在承租人违约时，保证金可冲抵损失赔偿；在出租人违约时，保证金返还承租人，但不能冲抵损失赔偿金。

2）租赁信用担保

在约定承租人支付保证金的同时，双方还可以约定由承租人或者第三人为承租人按时、足额支付租金提供担保。担保的具体方式有保证、抵押、质押、留置和定金五种。这可参照《民法典》的相关规定。承租人采取两种保障方式的难易程度及其对出租人的保障效果是不同的。对承租人而言，交付租赁保证金的方式便于操作，容易实现；而提供经济担保的难度更大些，在很多情况下，承租人无法找到能够让出租人认可的担保人。但是，两种方式对承租人履约的保障程度是不同的, 租赁保证金对承租人履约的保障程度是有限的, 而租赁信用担保通常是由担保人承担全部连带责任, 一旦承租人违约, 出租人可以请求担保人承担出租人的全部损失, 所以, 相较而言, 担保人的保障程度较高。从租赁市场的实践来看, 在租赁市场相对成熟的国家, 出租人主要采用收取租赁保证金、提高租赁资产的再处置能力和关注承租人及租赁投资的行业发展周期等方式来管理承租人的履约风险, 较少采用租赁信用担保的方式。

14.3 项目预期经济效益

融资租赁作为在我国开展比较晚的创新型金融工具, 在实践中逐步展露了不同于其他传统金融工具的独特优势。

1. 节约企业人力成本

提供专业化服务团队, 一体化解决所有问题。租赁公司具有专家库或专家团队, 对矿山装备的选项配套以及装备操作技术、融资租赁全业务流程开展都能够提供支撑, 节约矿山企业的人力成本。

2. 节约企业时间成本

(1) 相比于借款购买矿山装备, 融资租赁筹资速度较快, 能够帮助矿山企业更快获得所需的矿山装备, 及时投入生产以使企业盈利。

(2) 相比于矿山企业寻找矿山装备以及装备供货商, 租赁公司通过自身的平台或业务部门能够帮助矿山企业以较短的时间找到合适的装备供货商。

(3) 在装备使用过程中基于装备状态监测对其进行提前运维或备品配件运送, 预测性维护, 避免因装备出现故障, 等待维修或等待配件配送而耽误生产时间。

3. 节约购买装备前期成本

对于矿山行业来说, 从矿井的建设到技术的引进以及矿山装备的采购, 都需要大量的资金扶持。如果按矿山行业传统的矿山装备 "购买—使用—盈利" 模式, 则在矿产资源开发的初期需要投入大量的资金, 造成矿山企业资金紧张, 资金流运转困难。如果按企业抵押贷款来获得矿山装备, 当矿山行业供需不稳定时, 矿山企业的经济效益也会受到矿产价格与矿山行业影响, 容易陷入严重负债、资金短缺、资金链断裂的困局, 甚至可能造成矿山企业的破产。

(1) 矿山装备采取融资租赁模式, 能够有效解决矿山企业发展前期资金短缺的问题。在矿山装备融资租赁模式下, 矿山企业与矿山装备厂商或第三方平台签订融资租赁合同, 按照约定方式定期支付租金, 能在 "融物" 的形式下帮助矿山企业获得矿山装备, 可以分散矿山企业的资金压力, 实现其真正的 "融资"

需求。

（2）采用售后回租的方式盘活矿山企业的矿山装备资产，增加矿山企业现金流。

（3）降低矿山企业资本投资负担。矿山企业通过融资租赁而并非购买的方式获得矿山装备的使用权，使得矿山企业可以在取得盈利之前避免巨额的一次性资本支出，降低了初始投资的负担。

（4）优化改善矿山企业资产结构和财务状况。矿山装备融资租赁模式允许企业将本应用于购买和升级矿山装备的资金用于其他战略性用途，减少资金投入，增加流动性，使得其资金得以灵活运用，能够有效改善企业的财务状况，提高了企业的资金灵活性和运营效率。

（5）灵活应对市场波动。融资租赁允许矿山企业根据市场需求和经济环境的变化，灵活调整设备规模，避免了因固定资产而导致的过度投资或产能不足。

4. 节约企业对矿山装备管理成本

（1）矿山装备融资租赁公司自身具有装备的全生命周期管理，不需企业自身进行管理。

（2）矿山装备技术更新和升级。融资租赁使矿山企业更容易实现设备的技术更新和升级，采取矿山装备的专业化服务机制，以少量的成本实现矿山装备的更新、转型、升级与再制造，确保矿山装备始终使用最先进的技术，提高矿山企业生产效率和行业竞争力。

综上，矿山装备融资租赁有助于矿山企业更加灵活、高效地管理和利用矿山装备，有效地提高了资金利用效率，并降低了潜在的经济、金融风险，能够带来较好的经济效益。

第4篇　矿山装备服务平台构建
　　　　与实践应用

矿山装备服务平台构建及运营机制

15.1 矿山装备服务平台建设

15.1.1 矿山装备服务平台建设背景

发达国家现代租赁业已获得充分发展，其房屋、汽车、大型机电设备购置有半数以上是通过租赁业开展的，租赁业被视为"朝阳产业"。我国融资租赁发展进入了快车道。近年来，融资租赁行业呈现出快速发展的良好势头。2015年，国务院办公厅印发《关于加快融资租赁业发展的指导意见》（简称《意见》）。《意见》指出，"加快重点领域融资租赁发展，鼓励融资租赁公司在飞机、船舶、工程机械等传统领域做大做强，积极拓展新一代信息技术、高端装备制造、新能源、节能环保和生物等战略性新兴产业市场""鼓励工程机械及其他大型成套设备制造企业采用融资租赁方式开拓国际市场，发展跨境租赁"。矿山行业属于资金密集型行业，且矿山装备造价高、更新迭代速度快，在购买装备上需要巨大的资金投入，而融资租赁具有前期投入成本低、风险较小（与购买装备相比）等优势，越来越多的矿山企业选择以融资租赁的方式获得矿山装备。

2022年，国家发展改革委出台《关于加快废旧物资循环利用体系建设的指导意见》当中明确提出，"鼓励'互联网+二手'模式发展，促进二手商品网络交易平台规范发展，提高二手商品交易效率"。党的十八大以来，发展循环经济纳入全面加强生态文明建设总体布局，大力发展循环经济已成为经济社会全面绿色转型的重要模式、全面提高资源利用效率的必然要求、实现碳达峰目标和碳中和愿景的重要支撑。循环经济是一种以资源的高效利用和循环利用为核心，以"减量化、再利用、资源化"为原则，以"低消耗、低排放、高效率"为基本特征，符合低碳、绿色可持续发展理念的经济增长模式。2022年8月，自然资源部发布《矿产资源节约和综合利用先进适用技术目录（2022年版）》中指出，"矿产资源节约和综合利用先进适用技术推广工作旨在提高全国矿产资源利用水平，促进矿产资源开发利用高质量发展。"

目前，矿山企业或矿山装备制造厂商持有的矿山装备闲置率较高。矿山装备造价高、制造资源消耗量大，对闲置矿山装备资源进行综合利用，既有助于提高装备资源利用率，为闲置装备持有者增加收入，也有助于显著降低碳排放强度，推进我国循环经济发展。通过闲置设备托管业务高效盘活煤矿企业闲置资产，能够提高煤矿装备的利用率，避免矿山装备生产制造厂商的过度生产造成的资源浪费，使固定资产变成盈利资产，将资源浪费变为资源消费。

随着信息化技术的发展，矿山装备租赁业务逐渐向数字化、集成化、平台化方向发展，促进了租赁数字化平台的产生。数字化服务平台可以最大限度降低装备出租人与承租人信息不对称情况，提高供需双方的透明度和诚信度，从而增强装备制造商与矿山企业以及租赁公司直接的联系能力。借助信息化技术，基于矿山装备租赁服务相关需求，建设融合多功能于一体的综合性专业化服务平台，推动矿山装备租赁行业一站式专业化服务，促进矿山装备租赁服务业平台化、集成化、专业化。

15.1.2 矿山装备服务平台建设目标

基于矿山装备租赁业目前存在的问题，矿山装备服务平台应朝着专业化、平台化方向发展。矿山装备服务平台应秉承"开放、共享"理念和绿色低碳发展的价值追求，通过融合行业特色，以新一代互联网技术为支撑，具有矿山装备租赁服务、租赁装备全生命周期管控和租赁装备溯源服务三大功能，依托平台产品创新能力、用户服务能力、运营管控能力、数据赋能能力和生态合作能力，打造"技术+产品+服务"新模式，致力解决矿山装备经营手段单一、租赁方式落后、选型配套能力不足、装备闲置率高、管理手段落后等关键问题，打破装备租赁信息孤岛，为客户提供一站式专业化服务和成套解决方案，并构建兼容开放生态圈、打造矿山装备交易新模式，实现矿山装备全生命周期管理。矿山装备服务平台建设目标为：平台通过借助网络信息化手段共享资源、收集供需需求，拓宽营销渠道，盘活闲置资产，缓解买卖难矛盾，在市场资源配置中发挥出重要作用。

中煤科工西安研究院（集团）有限公司（以下简称西安研究院）成立于1956年5月，隶属于中国煤炭科工集团有限公司，系国务院国资委管理的大型国有骨干科技型企业。西安研究院租赁与再制造事业部秉承"开放、共享"理念和绿色低碳发展的价值追求，以共享经济商业模式和现代化生产方式，构建创新发展共同体，与相关者协同运营成套设备租赁、闲置设备托管、智能再制造、专业化服务和一体化解决方案五大业务。基于现有业务和行业特点，依托互联网新技术新模式，搭建矿山装备服务平台，共同推动行业一站式专业化服务和成套解决方案、矿山装备全生命周期管理能力，共同分享绿色转型、生产装备平台化管理创新成果。

15.2 矿山装备服务平台支撑关键技术

15.2.1 信息化技术发展

带宽用来标识信号传输的数据传输能力。随着我国"宽带中国战略"方案的提出，信息带宽、物质带宽、服务带宽的增长使得信息传输的速度和容量得以成倍提升，矿山装备服务平台服务逐渐多样化。在窄带宽时代，信息的流动和接入范围受到限制，只能进行简单的传输如短信、电话等。信息带宽的增加使得信息的传输内容也得以增加，如传输视频、图片等。随着智能矿山的提出，对矿山装备的参数监测也提出了要求，带宽的增加也为其提供了技术支撑。矿山装备服务平台基于信息化技术，可以实现矿山装备远程管控，包括装备定位、装备参数监测、视频监控等。

（1）矿山装备定位。通过北斗定位、物联网等技术，以北斗定位终端+管理平台的方式构建矿用装备监控系统，承租人能够对租赁矿用装备的地理位置信息、运动信息、工作状态和施工进度实施数据采集、数据分析、远程监测、故障诊断和技术支持，建立对租赁矿用装备的实时动态信息档案，提高企业的售后服务水平，加强对租赁矿用装备的管理和控制，为实现科学管理矿用装备租赁业务提供可量化的科学依据。

（2）装备参数监测与故障诊断。矿山装备服务平台通过装备管控系统实时监测矿山装备的运行状态，对其运行效率进行评估，及时发现装备存在的问题并对问题进行修复。同时，矿山装备管控系统可以分析装备的历史数据，提供关于设备维护保养建议，进一步提高装备运行效率和寿命，并且从事后维修转变为基于装备的状态维修。

（3）装备视频监控。通过设备监控系统，可以实现对设备远程监控和远程控制，对生产过程进行实时监控调整，避免因为生产过程中问题，导致生产延误，减少生产成本和生产损失。避免了原有的由人员定期巡检的人力浪费，这样就能更大限度提高企业盈利能力，这样生产成本压力得到缓解，大大节省了生产资源，提高了生产销售的利润。

15.2.2 数字化技术

DIKW 模型如图 15-1 所示，即数据（Data）-信息（Information）-知识（Knowledge）-智慧（Wisdom），能够详细展示数据转化为有用信息的过程。

矿山装备服务平台使用数字化技术，依靠 DIKW 模型将设备厂商、平台、矿山企业与矿山装备等各种物理层面的内容进行数据化，转变为数字信息，通过平台在互联网上进行流通、链接、匹配与统一管理。基于信息化技术，平台通过数

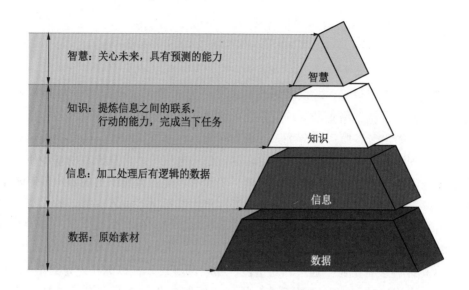

图 15-1 DIKW 模型

字化技术将设备厂商、平台、矿山企业与矿山装备转为数字信息，并在平台进行统一管理。此外，矿山装备服务平台能够通过资产管理实现资产价值的保持和增长。在矿山装备服务全过程中，借助平台一体化数字化系统，在理顺组织架构、数据、业务流程、内外部系统、业务场景的基础上，以后期运营需求为导向，优化租赁矿山装备过程，提高运营效率，为矿山装备租赁规模化发展提供坚实支撑。数字化技术的主要功能如下：

（1）数字化技术实现了平台的广泛连接和远程触达，使得矿山装备租赁辐射范围大大扩张。矿山装备服务平台基于互联网将装备租赁各主体用户进行连接，随着带宽、带速的提高以及互联网的普及，矿山装备服务平台可以实现无空间、时间边界的连接和触达，出租人上传闲置装备信息、承租人发布求租信息，实现出租人与承租人的互联互通，进而打破租赁信息孤岛，显著提高租赁效率。

（2）数字化技术赋予装备资产编码。资产编码确定了矿山装备的唯一性，对于实行资产分类管理起着重大作用。通过将矿山装备进行数字化处理并编码，实现矿山装备"一物一码"，通过信息化系统和网络系统在平台与装备租赁主体间所有单位和部门中实现共享，便于矿山装备溯源，检查其服务过程、维修记录或维护记录等，便于矿山装备实施全生命周期管理。

（3）通过数字技术实施矿山装备状态监测与故障诊断。通过对矿山装备进行数据采集，平台能够实时获得租赁设备的具体工作状态，包括设备定位、参数监测和视频监控功能，同时可以实时监测矿山装备开机状态、回转扭矩、给进起拔力、回转速度、钻孔轨迹、油液温度、泵压力等关键参数，通过对监测系统终端所采集的数据进行运算、分析，建立对装备的实时动态信息档案，并具备对矿用装备的实时定位、电子围栏设置、电池低电压报警、历史轨迹回放、异常状态报警、远程升级等功能。矿山装备服务平台能够根据以上信息，及时发现设备故障并进行修复，提高生产和运维效率，将被动式运维改为主动式运维，加强对矿山装备的管理和控制，降低矿山企业的管理成本，为科学管理矿用装备，提高使用效率提供了量化的科学依据。

（4）数字化技术赋予矿山装备服务平台进行大数据资源积累、挖掘并对外输出的可能。数据资源的积累和利用对实体经济数字化转型的重要性已不容置疑。平台作为中心节点，提供整个平台生态的基础性系统，在成长的过程中，平台成为数据资源的拥有者，可基于服务过程中产生的海量数据进行自主学习，探索出一条符合矿山装备租赁服务发展的合适道路。

15.2.3 物联网物流技术

物联网技术是以互联网为基础发展起来的新兴技术，在当今的智慧物流行业中应用十分广泛，其能够对物品进行智能识别定位、跟踪和管理。在物流业的不断发展过程中，运输的物资和运输路线的数量不断增加，为了适应这种变化，物联网技术不断地在物流运输中融合，使相关工作开展更加简单方便。

矿山装备服务平台通过有线以及无线的信息网络，处于物流状态的货物信息在网络中实现状态同步，并在网络通过可靠实时的信息共享，在物流活动过程中实时实现运输车辆定位、运输物品监控、在线调度与配送的可视化，同步装备制造商、租赁公司与矿山企业之间的物流信息。

物联网技术也有利于保证矿山装备在使用期间出现故障时需要更换零部件，相关信息能够及时传递给设备厂商或租赁公司，提高备品配件配送速度，确保矿山企业连续高效使用装备进行生产作业。同时，物联网技术也可使得矿山装备智能可追溯，在货物追踪、识别、查询、信息采集与管理等方面也能够发挥作用，提供了坚实的物流保障。

15.3 矿山装备服务平台总体布局与管理

15.3.1 平台总体管控布局

矿山装备服务平台总体管控布局是对系统的各个层级的功能、结构以及相互间的协作方式做出系统而全面的描述，其体系架构如图15-2所示，主要从前端需求层、中端网络层和后端数据处理层三个层级进行说明。

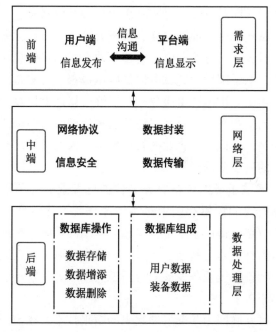

图 15-2 平台总体管控体系架构

（1）前端需求层。平台系统的前端需求层主要是矿山装备服务平台使用者（用户）的需求搭建前端的系统。其中前端需求主要指车间需要该系统能够实现功能、操作人员能够在系统中取得的权限和交互操作，前端需求包括用户发布矿山装备信息与平台端进行信息显示，通过前端了解客户实际需求（对矿山装备购买需求、租赁需求、托管需求等），是为满足客户使用需求所设计的。

用户端信息发布与平台端信息显示通过路由器、交换机、大屏显示器和操作台来实现，同时前端能够接收数据并将数据通过中端网络层反馈给后端服务器。

（2）网络层。网络层是前端与后端进行数据交换的中间层，即前端和后端服务器的媒介。平台数据往往需要通过网络进行获取并传输，因此网络的稳定性和安全性决定了平台所获取数据的稳定性与安全性，对平台正常运行有着至关重要的作用。

（3）后端数据处理层。后端数据处理层主要包括服务器和数据库，能对前端数据进行收集、存储和分析，同时也能向前端传递数据，将后端的处理结果传递给前端用于数据展示。数据库部分主要通过对数据的增添、删除和保存，实现前后端数据的交互。

15.3.2 业务流程管理

客户业务流程如图 15-3 所示，包括设备厂商业务流程管理与客户业务流程管理两部分。

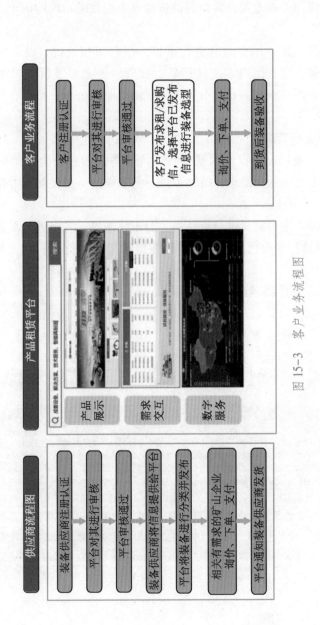

图 15-3 客户业务流程图

1. 设备厂商业务流程管理

供应商可申请开店权限，进行审核认证后，可将自己的设备或服务等产品进行商品上价。供应商可重点关注客户的询价订单，以及求租求购需求，进行需求响应。

设备厂商注册认证→平台对其进行审核→平台审核通过，设备厂商入驻平台，将持有的装备、装备使用方式（租赁、托管、售卖）及价格提供给平台→平台将装备进行分类并发布→相关有需求的矿山企业询价、下单、支付→平台通知设备厂商发货。

2. 客户业务流程管理

客户注册或登录后，根据需求选择设备或服务，创建询价订单完成商品询价。同时客户可发布定制化需求，待商家进行需求响应，使供需双方快速完成需求匹配。

客户注册认证→平台对其进行审核→平台审核通过，客户进入平台，发布求租/求购信息，或选择平台已发布信息进行装备选型→询价、下单、支付→到货后装备验收。

总业务流程图如图 15-4 所示。

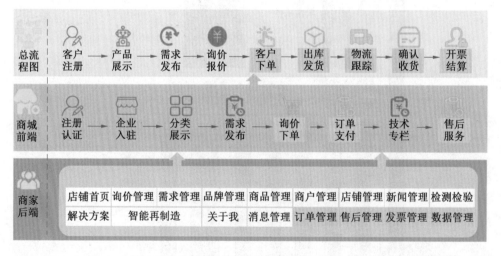

图 15-4 总业务流程图

15.3.3 装备全生命周期管理

矿山装备服务平台的全生命周期管理通过矿山装备的租前管理、租中管理与租后管理三个连续使用管理过程如图 15-5 所示，形成相对应的装备管理手段，有效避免因为对装备持有情况不了解而产生重复投资所导致的资金浪费问题。除此之外，通过全生命周期管理也能够切实保障矿山装备在投入使用期间的可靠性与安全性，有效降低装备发生故障的概率，确保装备在本职岗位之上能够正常运行。在矿山装备投入使用的后期，将装备进行报废或者是资产转化。

图 15-5　平台全生命周期管理

在矿山装备服务平台中，通过对矿山装备的全生命周期管理，使之为生产过程充分发挥作用，并且在其中融入一系列资产精细化管理举措，进而使管理过程逐步覆盖到设备的各个全生命周期环节，充分发挥出其作用，助力生产水平的逐步提升，同时实现经济效益最大化。

此外，装备全生命周期设计使得矿山装备数据可追溯，设计矿山装备溯源系统，可实现装备的生产、仓储、分销、物流运输、维修保养等各个环节数据追踪，构成设备的生产、仓储、销售、流通和服务的一个全生命周期管理溯源服务系统（图 15-6）。

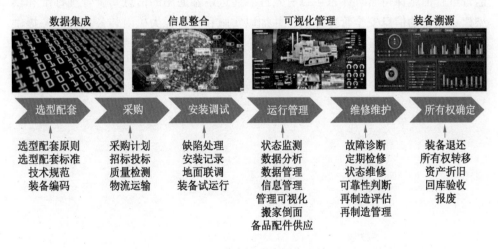

图 15-6　装备全生命周期设计

15.3.4　服务平台信息安全管理

对于现代信息系统而言，信息安全的概念是保护信息系统的软硬件设施和相关数据不因偶然或恶意的原因遭到泄露、变更和损毁，并确保信息系统的安全可靠和持续正常运行。矿山装备服务平台在使用过程中会进行大量信息交流，为保证海量信息被无意或未经授权地更改、损毁和恶意泄露，造成信息无法处理或不可信、保证矿山装备服务平台信息安全，平台应建立信息安全管理体系，实施一套涵盖方针政策、程序、过程和软硬件功能等相关控制措施，以维护平台信息安全。

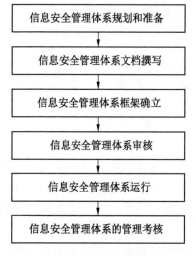

信息安全管理体系规划和准备

信息安全管理体系文档撰写

信息安全管理体系框架确立

信息安全管理体系审核

信息安全管理体系运行

信息安全管理体系的管理考核

图 15-7　平台信息安全管理体系建立过程

信息安全管理体系一般包括构建严格的操作流程、建立信息安全策略、执行安全风险评估、开展人员安全意识培训等一系列管理工作，通过在信息安全方针策略、信息资产管理、系统开发管理、人员信息安全等诸多领域中构建管理与控制措施，以确保平台信息资产的安全与业务的顺利开展。矿山装备服务平台可依照自身的实际状况来构建、执行、审查、监督、维持并持续改善信息安全管理体系，其建立的基本过程如图 15-7 所示。平台在构建信息安全管理体系后，应根据管理体系的规范和要求来执行，并通过一系列监督审查措施保持管理体系运行有效性。通过借鉴通用的信息安全管理标准和模型建立完善的信息安全管理体系，并加以实施和保持，为矿山装备相关业务提供信息安全保障。

矿山装备数字化平台建设案例

16.1　煤矿装备租赁服务平台概述

16.1.1　服务平台建设背景及简介

根据产业生产周期理论，目前煤炭产业已经进入成熟期，这一时间大约持续至 2030 年前后，主要特征包括：一是生产能力和扩大空间饱和，煤炭产业进入一个市场规模相对稳定的局面。二是产业集中度大幅提高，产业间上、下游企业的纵、横向兼并加剧，兼并与淘汰成为发展的主旋律，技术创新成为产业发展的重要内容。因此，开展设备租赁、缓解资金压力、加强资本运营创新将逐步成为大多数煤炭企业的客观需要，为煤炭企业提供矿用装备的租赁及服务也将会有广阔的市场空间。

近年来，尽管煤炭行业设备租赁取得了较快的发展，但与国外租赁业的总体发展状况和势头相比，煤炭系统的租赁业还存在许多问题：

（1）租赁手段落后。目前矿山装备租赁业务开展仍以人工跑市场为主，人工成本较高，没有以科学的理论方法为指导，缺乏物联网、计算机、大数据等先进手段来获得各种综合信息，签单效率和成功率较低。

（2）民营矿井选型配套能力不足。大部分民营矿井技术力量相对薄弱，对于成套设备租赁项目需要寻求第三方专家团队来提供选型应用、设备配套方案。

（3）设备闲置率高。部分煤矿企业物资存储不合理，造成超储，同时科学技术的更新，加上环保要求，使得设备更新速度快，旧设备淘汰闲置，造成市场上闲置设备较多。闲置资产的大量存在，对于煤矿企业而言，不仅不能带来有效的经济效益，甚至还会因为其折旧未得到充足的提取而少记成本，不利于反映出实际的企业资产盈利能力。

（4）管理手段落后。租赁过程中，设备转移频繁，管理人员难以有效追踪、掌握设备运行状况及轨迹，部分设备也会存在不服从调度和项目安全管理的状况，导致设备保养维修困难，常出现设备性能差或故障影响工期的现象。

基于煤炭行业设备租赁目前存在的问题，中煤科工西安研究院（集团）有限公司（以下简称西安研究院）租赁与再制造事业部推出了煤矿装备租赁服务平台。

租赁与再制造事业部是西安研究院专业开展租赁与再制造业务的主营机构，现有员工50人，合作伙伴1000家，租赁业务覆盖全国各大主要矿区，在租设备200余台，涉及中煤科工集团全线产品。事业部承担设备租赁、设备大修、废旧闲置设备回收、再制造及智能化升级等业务，同时提供"24小时"专家咨询、装备配套选型、金融服务、备件供应链服务和设备运维及高标准维修等服务，实现矿山装备全生命周期管理，为客户提供一站式服务和装备整体解决方案。以"开放、共享"为愿景，租赁与再制造事业部充分发挥煤矿机械行业优势，通过与优质租赁商、优质承租商、优质维保商紧密合作，参与国内多项煤矿重点工程建设，满足用户在地质保障、综采系统、灾害治理、运输系统、排水系统、机电系统、掘进系统等各个领域的需求。

中煤科工西安研究院（集团）有限公司的矿山装备租赁服务平台是为开展租赁和再制造业务而打造的专业化服务平台，是以煤矿机械为载体，提供整体解决方案的专业服务商。该平台的矿山装备服务中心秉承"开放、共享、绿色"理念，以新一代互联网技术为支撑，通过对共享经济与服务型制造的再创新，形成了成套设备租赁、闲置设备托管、智能再制造、专业化服务和一体化解决方案五大业务体系，实现矿山装备全生命周期管理。该平台旨在对设备生产商、供应商、服务商与最终用户的产业价值网络进行重新构筑，为行业提供一站式专业化服务和成套解决方案、生产装备平台化管理、共享绿色低碳转型成果等发展新思路新模式。

矿山装备租赁服务平台是深刻践行党的二十大精神，推进生态优先、节约集约、绿色低碳发展理念的生动实践，是落实中国煤炭科工集团"1245"总体发展思路"装备制造向智能服务转型"的具体举措，是构建兼容开放生态圈、打造矿山装备交易新模式的重要载体，将成为新经济时代推动矿山装备实现产业升级、保持增长活力的有力保障。平台依托行业内丰富的经验和完备的业务模式，组建了优秀的专业团队，形成了全产业链一体化服务的能力。不仅为生产企业提供成套设备租赁和金融服务，还可以提供在设备配置方案的筹划、制定和执行以及设备使用过程中维修、保养、保障、管理一站式服务，并为二手设备提供评估鉴定、修理、托管、智能化改造服务，成为矿山装备服务平台的建设目标和发展方向的良好案例。

16.1.2 服务平台系统架构设计

1. 服务平台整体架构

矿山装备租赁服务平台整体架构如图16-1所示。装备服务平台包括门户首页、产品租赁展示平台、数字服务平台和设备资产四部分。门户首页直接面向

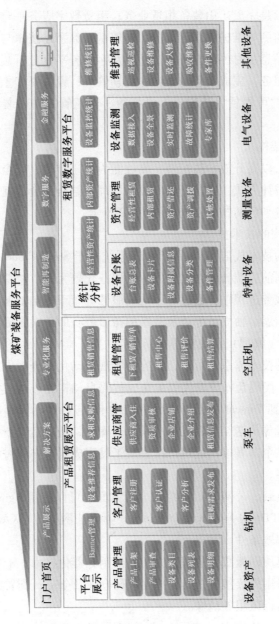

图 16-1 矿山装备租赁服务平台整体架构

客户，为客户提供装备产品展示、提供解决方案、提供专业化服务、完成智能再制造业务、提供数字服务、提供金融服务等；产品租赁展示平台包括产品管理、客户管理、供应商挂历和租售管理四部分，通过平台展示的设备推荐信息、求租求购信息与租赁销售信息完成矿山装备租赁业务；租赁数字服务平台包括设备台账、资产管理、设备监测和维护管理四部分，能够基于数字化技术与信息技术将租赁期间的装备参数信息及时传输至平台，通过数字服务平台分析装备的状态并针对状态进行专业化服务，完成装备的全生命周期管理；设备资产主要负责在平台内统计和管理所有的可租赁、待租赁、可托管、待托管的矿山装备，便于使用、管理与调度。

2. 服务平台技术架构

煤矿装备服务平台以高开放、高扩展、高性能为核心准则，完全基于开源技术构建，采用模块化设计方式，遵循分层的设计原理，结合最新的互联网架构和开发技术而研发。服务平台的技术架构如图 16-2 所示。

3. 基于微服务架构的技术栈

基于微服务架构的技术栈如图 16-3 所示。系统基于 SpringCloud 分布式微服务技术体系实现，采用前后端分离方式开发。微服务化繁为简，将功能的每个元素放置到分离的多个服务进程中。通过将不同的服务分布于不同的服务器，按需复制服务的方式实现扩展。独立可部署及升级的微服务有助于大大提高系统变更的敏捷性，升级/替换（解耦）模块变得更简单。

基于微服务架构的技术体系，可以通过容器实现自动化部署。借助持续集成工具如 Jenkins，从 Git 代码仓库拉取代码，完成代码自动构建，构建完成后将微服务打成 jar 包，发布到 Tomcat 服务器镜像并启动 jar 包，然后保存成一个新的Docker 镜像，再将此镜像推送至自建的私有镜像仓库中，最后启动新镜像，完成服务容器化的部署。整个部署过程通过持续集成工具完成所有中间过程，实现微服务的自动化容器部署。

关于平台的弹性负载、公网 IP、网络安全等方面，可以使用 Nginx 提供的反向代理、负载均衡、HTTP 服务器（动静分离）、弹性公网 IP 及 WAF 等技术来满足平台基础服务的部署条件。

关于系统各业务模块即微服务的解决方案，采用容器化技术，配置每个微服务的项目构建服务，采用持续集成工具，指定代码仓库及分支，配置好后即可完成各微服务的构建和运行微服务镜像。

关于缓存服务器的解决方案，使用 Redis 缓存服务做集群，用于支撑平台相关数据的缓存服务，减缓应用服务及数据库服务的压力。Redis 的部署可采用 Docker

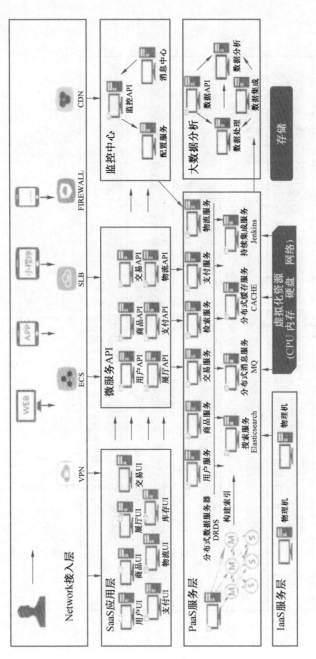

图 16-2 矿山装备服务平台技术架构

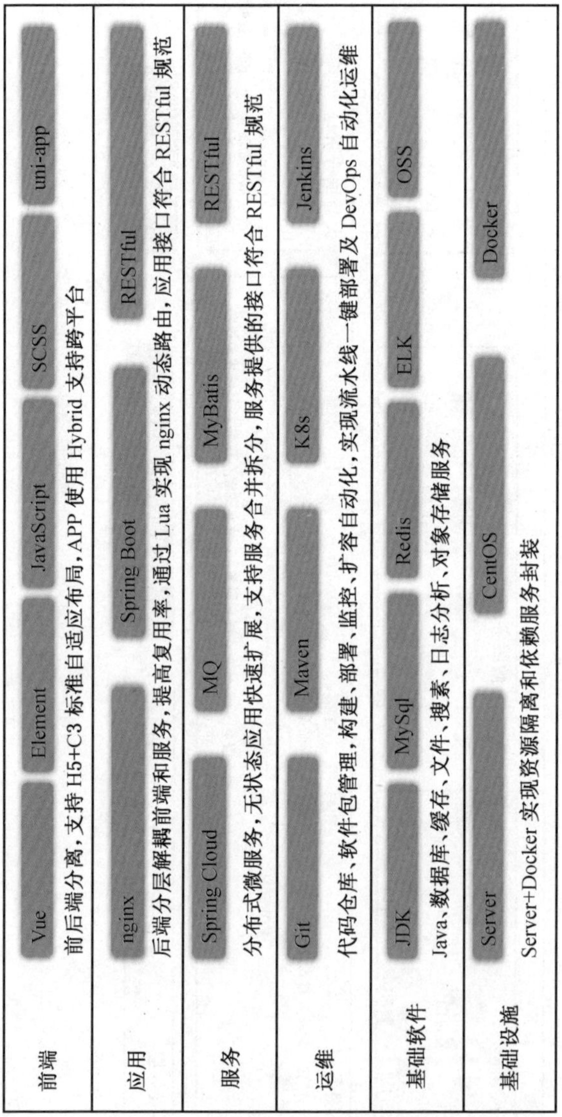

前端	Vue	Element	JavaScript	SCSS	umi-app
	前后端分离，支持 H5+C3 标准自适应布局，APP 使用 Hybrid 支持跨平台				
应用	nginx		Spring Boot	RESTful	
	后端分层解耦前端和服务，提高复用率，通过 Lua 实现 nginx 动态路由，应用接口符合 RESTful 规范				
服务	Spring Cloud	MQ		MyBatis	RESTful
	分布式微服务，无状态应用快速扩展，支持服务合并拆分，服务提供的接口符合 RESTful 规范				
运维	Git	Maven		K8s	Jenkins
	代码仓库、软件包管理、构建、部署、监控、扩容、实现流水线一键部署及 DevOps 自动化运维				
基础软件	JDK	MySql		Redis	ELK	OSS
	Java、数据库、缓存、文件、搜索、日志分析、对象存储服务				
基础设施	Server		CentOS		Docker
	Server+Docker 实现资源隔离和依赖服务封装				

图 16-3　基于微服务架构的技术栈

镜像的方式进行部署。

关于数据库的解决方案，采用 MySQL 关系型数据库服务做数据库集群，并通过 MyCat 实现 MySQL 数据库的读写分离，从而提升数据访问服务器的高可用，支撑数据库高并发。MySQL 的部署可以采用 Docker 镜像的方式进行部署。

关于文件存储服务的解决方案，使用专用的 OSS 服务器提升大文件（如图片、视频等）存储的性能问题。

4. 功能架构设计

矿山装备租赁服务平台（https：//rockezu.com/#/）官方网站或手机小程序能清晰地展示自身所包含的功能。服务平台总体功能架构设计如图 16-4 所示。依托网页、微信小程序或移动端 APP 进入服务平台，功能架构涵盖客户（承租方）、设备厂商（出租方）和平台运营方。客户（承租方）功能包括订单处理、地址管理、个人中心与开票管理，设备厂商（出租方）功能包括店铺中心、设备管理、合同管理与租售管理，平台运营方功能包括供应商管理、客户管理、审核管理与系统管理。在该总体功能架构下，矿山装备租赁服务平台具有产品管理、租售管理、客户管理、供应商管理、结算管理、系统管理等功能。

（1）平台门户功能。如图 16-5 所示，在矿山装备租赁服务平台门户首页，包括可通过各个产品页查看所需要的设备及服务，首页显示推荐信息、产品分类、求租求购信息、专家咨询解决方案、入驻企业信息等。

（2）产品管理。如图 16-6 所示，分类展示各类产品及服务信息，包括成套装备、二手设备、解决方案、专业化服务、智能再制造等。点击产品后，可在详情页查看设备参数和服务的具体内容。

（3）租赁销售信息。如图 16-7 所示，可选择需要的商品，线上创建咨询订单，双方洽谈完成后，创建租赁合同订单，线下进行发货和交易，设备使用完毕归还可进行续租管理或线上评价。

（4）客户管理。如图 16-8 所示，客户注册或登录后，根据需求选择设备或服务，创建询价订单完成商品询价。同时客户可发布定制化需求，待商家进行需求响应，使供需双方快速完成需求匹配。

（5）供应商管理。如图 16-9 所示，供应商可申请开店权限，进行审核认证后，可将自己的设备或服务等产品进行商品上价。供应商可重点关注客户的询价订单，以及求租求购需求，进行需求响应。

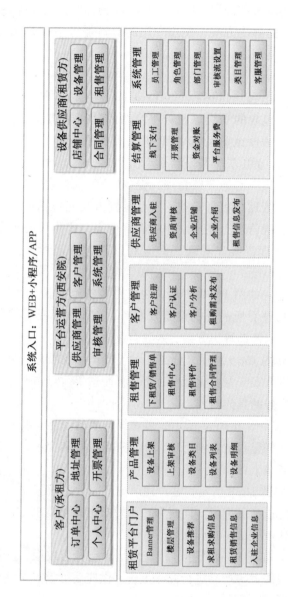

图16-4 总体功能架构

图 16-5　平台门户功能

图 16-6　产品管理

图 16-7　租赁销售信息

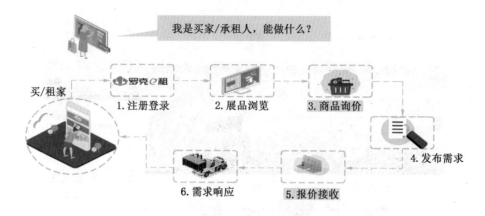

图 16-8 客户管理

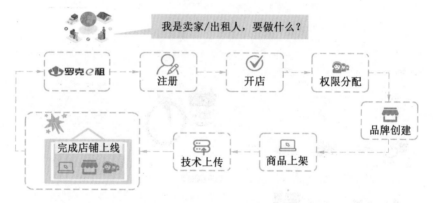

图 16-9 供应商管理

16.1.3 服务平台运行支撑保障

1. 租赁装备溯源系统

矿山装备租赁服务平台为保障设备使用过程的全生命周期状态监测与跟踪，建立租赁产品溯源系统，将当前先进的物联网技术、自动控制技术、自动识别技术、互联网技术结合利用，通过专业的机器设备对租赁产品赋予唯一的二维码作为"身份证"，实现"一物一码"，建设起基于二维码的产品追溯体系以及生产过程、生产质量、物流供应链的管控集成应用。同时，还对上下游产业链进行源头追溯、全生命周期管理、设备故障预测和供应链优化，大大降低因为信息不互通而造成的直接或间接成本。对产品的生产、仓储、分销、物流运输、维修保养等各个环节采集数据并追踪，打通数据共享通道，实现不同对象全流程管控、不同产品全过程服务，构成产品的生产、仓储、销售、流通和服务的一个全生命周期溯源管理。

2. 专家团队库

矿山装备租赁服务平台拥有中国煤科高水平、多领域、拥有丰富实践经验专家队伍的支撑，充分利用煤炭行业内知名专家的技术力量和丰富经验，搭建煤机装备配套专家支持系统暨专家团队库，同时拥有专业的线下团队。依托专家团队库增强核心竞争力，为煤矿装备选型应用及三机配套、综采综掘成套设备租赁、智能化升级改造、装备维修再制造（大修）等增值服务实施提供技术支撑，还可为有需求的客户提供方案筹划、金融支持，以及设备运维、配件供应等附加服务，快速高效响应客户的个性化需求，真正做到提供一体化解决方案和全生命周期服务。

3. 装备数据库

矿山装备租赁服务平台具有面向全生命周期管理的装备数据库支撑。依托西安研究院专业化、现代化、平台化监测条件，通过信息技术和智能技术，将租赁设备与物联网平台全部联网，实现每台租赁设备运行状态实时显示；依托租赁设备运行过程中数据，实现对设备的多条件工作流闭环管理，联通设备各模块之间的数据流转，并通过这些数据来完善装备数据库，实现运行过程中对装备数据库的填充与迭代。通过数据采集、汇聚、挖掘、提炼，构建产业大数据+人工智能技术的煤机行业智能大脑，不断解决煤机行业运营、建设、生产、管理所遇到的问题，从而赋能整个产业智能化发展。

16.2 煤矿装备租赁服务平台运营模式

随着制造业的服务化转型，后市场服务将成为智能装备行业的蓝海，为贯彻落实国家"发展服务型制造"的要求，矿山装备租赁服务平台通过前期的市场调研、设备选型、三机配套、设备监造等专业化服务模式及设备溯源状态监测、备件供应、设备检验检测、设备托管、设备运维等一系列设备后市场服务共同组成租赁专业化服务链条，开发煤机智能装备领域的"远程监控+配件供应+售后服务"的商业模式，可以打造线上线下相结合的矿山装备服务平台，实现煤机装备的一站式服务，为煤矿安全生产全程保驾护航。

16.2.1 主要业务模式

矿山装备租赁服务平台主要业务模式如图 16-10 所示。

1. 成套设备租赁

矿山装备租赁服务平台以市场需求及客户需求为导向，提供包含钻机、采煤机、液压支架等常用煤机设备的全套租赁，线上全面展示产品信息，同时提供多元化融资租赁服务，通过灵活多样的业务模式，满足客户在设备、资金、服务等不同层面需求。

图 16-10　矿山装备租赁服务平台主要业务模式

2. 闲置设备托管

国家"十四五"规划《纲要》提出"坚定不移贯彻创新、协调、绿色、开放、共享的新发展理念""打造新兴产业链,推动传统产业高端化、智能化、绿色化,发展服务型制造",确定了推动中国制造业智能绿色发展,由生产型制造向服务型制造转型的大方向。矿山装备租赁服务平台针对市场上大量煤矿设备闲置的情况,以共享、共建、共赢为根本,构建了协同共享的闲置设备大数据平台,客户可以在平台发布自己的闲置设备信息,也可以发布自己的租赁及采购设备需求,通过平台匹配供求信息,高效盘活企业闲置资产,降低设备使用成本,促进循环经济发展。

3. 智能再制造

国家发展改革委发布的《关于做好推进有效投资重要项目中废旧设备规范回收利用工作的通知》中指出:"支持资源循环利用企业进行技术改造升级,支持产品设备生产制造企业建立逆向回收体系,发展高水平再制造。"针对煤矿废旧设备利用率低、设备更新换代快的问题,矿山装备租赁服务平台以循环、节约、再利用为目标,提供智能再制造服务,用先进技术和产业化生产方式对废旧设备进行修复与改造,延长设备使用寿命,提高设备智能化、信息化水平,节能节材,实现资源的循环利用。

4. 一体化解决方案

矿山装备租赁服务平台通过一体化解决方案,将吸引设备厂商入驻、关联客户需求、汇集优势资源、提供选型配套技术咨询、设备运维、配件供应、方案筹划和金融支持、设备修复改造和智能化升级等诸多需求进行集合，利用国内权威专家、系统方案工程师提供选型应用、三级配套、技术改造咨询等增值服务，提供一体化解决方案和全周期技术服务。

5. 专业化服务

矿山装备租赁服务平台以改革创新为关键抓手，聚集区域优势资源，开展智能矿山装备升级改造、设备租赁、搬家倒面服务、煤矿托管运营总包等专业化服务，创新专业化服务模式，可按照客户的需求自由组合。

16.2.2 数字化服务

矿山装备租赁数字服务平台设立全生命周期管理装备数据库，包括数据采集、数据迭代、数据流转、数据挖掘四大模块。数据采集模块以信息技术为支撑，可监测、采集煤机运行过程中实时数据；数据迭代模块负责记录和管理设备全生命周期在线流转情况，并通过这些数据实现运行过程中对装备数据库的填充与迭代；数据流转模块能够实现对设备的多条件工作流闭环管理，联通设备各模块之间的数据流转；数据挖掘模块负责让产业大数据在设计优化、设备运维、需求预测、供应链优化和绿色发展等领域实现更广泛的应用。

（1）平台首页可实时查看租赁设备资产分布情况、合同执行信息、整体施工情况、四率统计和资产结构，提高数据互联互通和高效业务协同能力，实现业务透明管控和业财融合一体，如图 16-11 所示。

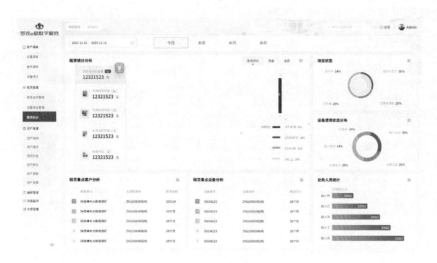

图 16-11 平台首页

（2）设备监测界面利用北斗定位、精密传感器等系统终端进行数据采集，实时获得设备位置信息、报警预测、设备参数、施工参数、知识数据库、视频监控，经过运算分析，建立设备的实时动态信息档案，及时发现设备故障并进行修复，提高生产和运维效率，降低企业的管理成本，如图16-12所示。

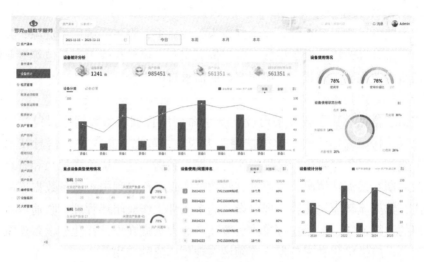

图16-12 设备监测

（3）维护管理界面可实时查看维护数据统计、维护设备分布、维护故障分布、维护列表，精确掌握每台设备维护保养情况，保证租赁设备在运行过程中的安全性和可靠性，如图16-13所示。

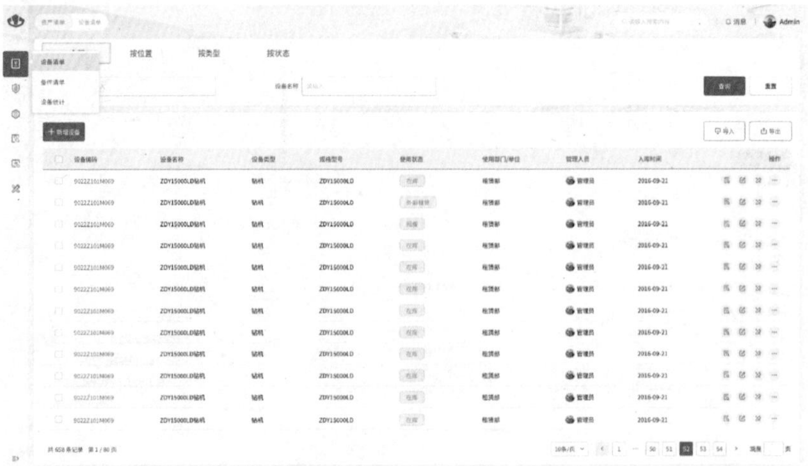

图16-13 维护管理界面

（4）矿山装备租赁数字化服务平台分析预警界面可实时查看现有设备的故障率统计、配件消耗量、租赁时长和各煤矿企业使用成本统计，便于企业了解设备运行状态、使用成本情况，做出优化措施，如图 16-14 所示。

图 16-14　分析预警界面

16.2.3　租赁产品溯源系统

为保障设备使用过程的全生命周期状态监测与跟踪，矿山装备租赁数字化服务平台建立租赁产品溯源系统，将当前先进的物联网技术、自动控制技术、自动识别技术、互联网技术结合利用，通过专业的机器设备对租赁产品赋予唯一的二维码作为防伪身份证，实现"一物一码"，建设起基于标识解析二级节点的产品追溯体系以及生产过程、生产质量、物流供应链的管控集成应用。同时，还对上下游产业链进行源头追溯、全生命周期管理、设备故障预测和供应链优化，大大降低因为信息不互通而造成的直接或间接成本。

利用物联网技术、自动控制技术、自动识别技术、互联网技术结合利用，通过专业的机器设备对租赁设备赋予唯一的一维码或者二维码作为防伪身份证，实现"一物一码"，然后可对设备的生产、仓储、分销、物流运输、维修保养等各个环节采集数据并追踪，构成设备的生产、仓储、销售、流通和服务的一个全生命周期管理溯源服务如图 16-15 所示。

矿山装备租赁数字化服务平台通过对产品的生产、仓储、分销、物流运输、维修保养等各个环节采集数据并追踪，打通数据共享通道，实现不同对象全流程管控、不同产品全过程服务，构成产品的生产、仓储、销售、流通和服务的一个全生命周期溯源管理如图 16-16 所示。

图 16-15 租赁产品溯源系统

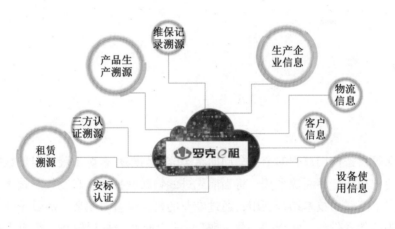

图 16-16 全生命周期溯源管理

16.3 煤矿装备租赁服务平台实践应用案例

16.3.1 服务平台实践应用背景

陕西黑龙沟矿业有限责任公司（以下简称黑龙沟煤矿）计划开采 4^{-3} 煤层，可采量为 1149 万 t，核定产能 150 万 t，共有 5 个工作面，计划开采年限 8.1 年。与购买煤炭生产设备一次性支出较多资金相比，黑龙沟煤矿选择在矿山装备租赁服务平台租赁成套综采设备，一方面可以依托矿山装备租赁服务平台现有专家与技术人才队伍对设备投入、运行、维修、搬家倒面等实施专业化管理，减少管理环节，促进矿井专心致力于煤炭生产，保障了安全、高效生产运营。另一方面，实施设备有偿租赁，减少了生产投入资金，可有效降低矿井直接生产成本。

（1）有效降低生产成本。采用设备租赁方式，设备由设备管理中心托管或购置，对于黑龙沟煤矿来说，减少和避免了购置设备的盲目性以及配件额储备，节省了固定资产的投资额。避免了黑龙沟煤矿管理机构重叠设置，同时也降低了设备管理人员的培训费用，降低了生产成本。

（2）有利于盘活企业资本。实行设备租赁，设备无须购买，节省了大额资金的支出，黑龙沟煤矿在租赁设备时，只需支付相当于设备原值的 10%~20% 的租金，即可拥有生产所必需的设备，大幅度减少了企业在购置设备上的资金投入，使剩余资金用到其他经营活动中，有利于企业资金周转。

（3）获得专业化配套服务。黑龙沟煤矿有偿获得成套综采设备使用权的同时，也能够依托矿山装备租赁服务平台，得到包括设备技术选型、设备运行管理、设备数据智能分析和劳务输出等一系列专业化配套服务，提高了设备管理效率，确保了设备性能得到最大限度发挥。

16.3.2 综采设备成套租赁服务过程

中煤科工西安研究院（集团）有限公司依托矿山装备租赁服务平台，为黑龙沟煤矿提供的液压支架、采煤机、刮板输送机、带式输送机、乳化液泵站、喷雾泵站以及设备列车等一整套综采成套设备均用于 4^{-3} 煤层的综采工作。为满足生产需要，对设备需求见表16-1。

表16-1 黑龙沟煤矿设备需求

序号	设备名称	所需数量
1	中间支架	169架
2	过渡支架	6架
3	端头支架	3架
4	运输巷超前支架	1套
5	回风巷超前支架	1套
6	刮板输送机	1部
7	转载机	1部
8	破碎机	1台
9	顺槽可伸缩带式输送机	1套
10	电牵引双滚筒采煤机	1台

对黑龙沟煤矿采用成套装备专业化服务模式，开展综采成套设备租赁业务，其流程图如图 16-17 所示。

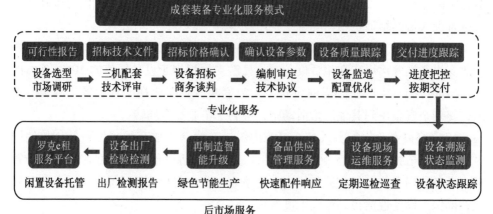

图 16-17　成套装备专业化服务模式

（1）租赁可行性分析。对黑龙沟煤矿进行市场调研、尽职调查，分析其公司情况、资产情况、债权情况、盈利能力、偿还能力以及担保方情况，并撰写《租赁可行性报告》与《履约能力法律尽职调查报告》。

（2）成套综采设备选型配套。在黑龙沟煤矿通过可行性分析后，进行成套综采设备选型配套服务。黑龙沟煤矿 4^{-3} 煤层位于延安组第二段的中部，是井田的主要可采煤层之一，全区分布。与下部 4^{-4} 煤层间距 14.40~20.40 m，平均18.00 m。煤厚 1.61~2.51 m，平均 2.30 m，煤层厚度由南向北逐渐变厚。为不含夹矸的单一煤层。煤层底板标高变化为+920~+970 m，埋深 134~316 m；煤层不含夹矸。顶板主要为粉砂岩和细粒砂岩，局部为泥岩和中粒砂岩；底板主要为砂质泥岩，次为粉砂岩。该煤层总体为中厚煤层，全区可采，厚度变化小且规律明显，结构简单，煤质变化小，煤类单一，属稳定型煤层。工作面采高为 2.0~2.5 m；工作面长度为实体煤 305 m；运输巷设计断面为净宽 5700 mm，净高2600 mm；回风巷设计断面为净宽 5000 mm，净高 2600 mm；工作面倾角小于10°；运输巷道总长约 1500 m。

针对黑龙沟煤矿待开采 4^{-3} 煤层的情况，依托矿山装备租赁服务平台的专家库与相关技术人员完成综采成套设备选型与配套，并基于设备技术参数完成技术评审，确保设备能够符合黑龙沟煤矿的生产需要。根据黑龙沟煤矿的设备需求以及煤层参数，为黑龙沟煤矿提供成套综采设备见表16-2。

表16-2 黑龙沟煤矿成套综采设备

序号	设 备 名 称	数量
1	中间支架 ZY12000/15/28D 型掩护式液压支架	169架
2	过渡支架 ZYG12000/15/28D 型掩护式液压支架	2架
	过渡支架 ZYG12000/17/32D 型掩护式液压支架	4架
3	端头支架 ZYT12000/17/32D 型掩护式液压支架	3架
4	ZTCY20000/19/32D 型运输巷超前支架	1套
5	ZTCH20000/19/32D 型回风巷超前支架	1套
6	SGZ1000/3×700 型刮板输送机	1部
7	SZZ1200/525 型转载机	1部
8	PCM315 型破碎机	1台
9	巷道可伸缩带式输送机	1套
10	MG650/1590-WD 型电牵引双滚筒采煤机	1台

（3）设备招标与评标。在确认成套综采设备具体型号后，需进行设备招标，按照成套综采设备的情况撰写《设备技术规格书》与《招标技术文件》，明确招标条件（包括项目概况与招标范围、投标人须知、投标人资格要求、投标文件递交方式等），确认招标价格。完成招标后根据评标办法和评标方法进行评标，完成商务谈判，签订业务合同。

（4）设备交付与使用。签订业务合同后，根据合同内容，将综采成套设备进行发货，并约定验收日期与验收地点，相关技术人员负责完成设备检验监测与验收，并展开地面联调、井下联调与井下试运行，对出现缺陷的设备按照合同约定进行设备更换。

（5）提供专业化服务。根据平台溯源系统对成套综采设备设置"一物一码"，将设计、生产、运送、使用、维修保养等方面进行记录，完成设备溯源；依托装备服务平台对设备进行状态监测与故障诊断，进行设备的全生命周期管理，提供设备维修维护、智能运维、备品配件供应管理、搬家倒面、再制造智能升级等服务，确保黑龙沟煤矿在设备使用过程中正常运行，保证了黑龙沟煤矿安全高效生产。

16.3.3 综采设备成套租赁服务成效

黑龙沟煤矿选择综采设备成套租赁服务，与直接购买相比，直接购买需要一次性支付较大的金额，可能会给企业带来较大的资金压力，但可以避免支付分期购买的利息和手续费，从而节省成本；融资租赁通过"融资+融物"的方式，可以将费用的支付分散到一段时间内，减轻了一次性支付的压力，通过融资租赁方式获取煤矿装备的使用权，企业可以更好地管理资金流动，经营更加可持续。陕西黑龙沟煤矿采用设备租赁方式相较于设备购置方式，可降低设备运营成本。

同时，黑龙沟煤矿能够获得成套装备专业化服务模式，包括平台的技术优势、平台优势与团队优势三方面。

1. 技术优势

矿山装备租赁服务平台为黑龙沟煤矿提供全面的技术支撑服务，见表16-3。

表16-3　"罗克 e 租"装备服务平台技术支撑服务

项目	优化前	优化后	取得效果
技术支撑	无	专家组技术评审	确保了设备选型的合理性、三机配套评审的权威性、技术协议的准确性
液压支架立柱、千斤顶材质	27SiMn 为主	以含 Cr 材料或 CrMo 系自身防腐性好的材料为主	使用寿命预计提升30%以上
刮板输送机变频一体技术	变频器+变频电机	变频一体机	自动化程度高、大幅降低谐波干扰、解决重载启动和功率平衡问题、降低断链事故率
设备运行安全	液压支架工作压力设定为 37.5 MPa	工作压力设定为 31.5 MPa	有效降低液压胶管因爆管引起的安全隐患风险
设备溯源	无	增加溯源功能	所有设备具备基于标识解析二级节点溯源功能，纳入溯源平台管理，实现租赁设备运行监测

2. 平台优势

矿山装备租赁服务平台能够保证质量、控制成本，为黑龙沟煤矿提供相应的增值服务，见表16-4。

表16-4　矿山装备租赁服务平台优势

项目	主要服务内容	取得效果
市场调研	深入调研设备厂家与榆林周边设备使用情况	为客户提供设备市场价格和交货期等信息和同类设备在周边煤矿的使用状况、配套价格和售后服务的情况
配置提升	刮板输送机配置变频一体机	配置提升后，驱动系统费用增加了10%，但从移变、电缆布置、设备列车和电费上均有 10%～20% 的节约，整体成本控制效果良好

表 16-4（续）

项目	主要服务内容	取得效果
设备厂商与价格确定	与矿方成立联合谈判小组，共同进行商务谈判	最终报价的基础上，经过多轮商务谈判后，综采成套设备价格下浮约 0.5%～2%，累计节约上百万元的资金
设备监造	安排专人对所有的设备的生产过程进行全面监造	督促生产厂家对监造过程中发现的问题进行整改，整改率达到 100%，保证设备制造质量；编制生产进度表，定期召开生产进度会，厂家按期交货率达到 100%

3. 团队优势

矿山装备租赁服务平台能够发挥自身专家库与技术人员的团队优势，为黑龙沟煤矿提供设备全周期专业化服务，见表 16-5。

表 16-5　矿山装备租赁服务平台团队优势

项目	主要服务内容	取得效果
设备现场运维服务	设备的日常维护与保养	配件年使用量降低 18%；设备故障影响时间降低 27%；设备连续作业时间增加 29%
备品备件供应与管理服务	设备配件仓储、物流、配送等供应管理	缩短采购时间 20 天以上；降低采购综合成本 13%；助力客户实现零库存管理目标
综采成套设备的维修与再制造	通过专业的技术、工艺与装备，对设备进行大修与再制造，延长设备的使用寿命和经济性	延长设备使用寿命 3～4 年；最大限度降低客户新设备的资金投入

西安研究院在黑龙沟煤矿综采设备成套租赁项目中，形成了一套自主煤矿装备"选型配套设计–融资租赁–设备全生命周期管理"的专业化服务流程，构建基于平台开展矿山装备融资租赁的专业化服务体系。综采设备成套租赁依托矿山装备租赁服务平台，为租赁流程的各个环节的开展提供融资租赁专业化服务，充分利用西安研究院现有的专家团队库、资金库与矿山装备租赁服务平台，黑龙沟煤矿可以减少前期采购设备的投入成本和设备使用过程中的管理成本；设备智能运维基于大数据技术与信息化技术，不仅能够实现设备远程监测与故障诊断，将设备管理过程可视化、透明化、智能化，而且能够由事后维修转变为基于设备状态进行预测维修，防止设备停机，提高煤机设备安全性，提升设备效能，保证矿井正常开采，规避双方风险，带来良好的经济效益与社会效益；开展设备租赁的长期合作，可以使后续设备再制造技术升级和迭代更为顺畅，也可以使黑龙沟煤矿获得更多在该领域的专业知识和支持；同时，西安研究院综采设备成套租赁在黑龙沟煤矿运营上积累了丰富的经验，可以建立一套属于自己的业务流程与标

准，使今后实施相关项目更加可靠。

矿山装备租赁服务平台通过吸引多边群体入驻、产业链供应链协同以构建矿山装备运维服务生态圈，以产业升级实现产业链聚集，赋能制造业产业链供应链运营。以客户为中心，以订单为抓手，实现产业改造和获取连续性数据，支撑供应链服务；通过产业链供应链双轮驱动，产生虹吸和溢出效应，带动产业集群发展，实现价值链重构与提升。打造一个完善的、成长潜能强大的"矿山装备运维服务生态圈"。该"生态圈"拥有一整套完善的规范和机制，多边群体在平台的空间内基于平台规则展开互动合作，通过发挥网络的整体效应，实现多方共赢，形成一个良性循环机制。随着平台生态圈规模的壮大和不断完善，平台将产生日益扩大的优势，更好地满足煤矿企业安全生产需求、重塑市场格局。

互联网时代矿山装备服务未来趋势

国家"十四五"规划《纲要》提出"坚定不移贯彻创新、协调、绿色、开放、共享的新发展理念""打造新兴产业链，推动传统产业高端化、智能化、绿色化，发展服务型制造"，确定了推动中国制造业智能绿色发展，由生产型制造向服务型制造转型的大方向。目前，全国乃至世界矿山行业正经历着一场新的智慧革命，物联网、大数据、人工智能等技术和矿山装备的结合越来越密切。同时，绿色高质量发展成为矿山行业发展"风向标"。党的二十大报告指出，"推动绿色发展，促进人与自然和谐共生。"绿色是矿山行业高质量发展的底色，矿山行业高质量发展要求坚持底线思维、生态思维和系统思维，在推动绿色发展中解决生态环境问题，推动绿色技术不断进步、治理能力不断提升，加快形成资源节约和环境保护协同共生的新路径。为此，互联网时代矿山装备服务未来趋势应包括以下几点：

1. 搭建矿山装备碳交易平台

建立矿山装备服务平台，包括矿山装备的整机、零部件以及材料等碳排放数据以及产品碳足迹、碳减排量、碳减排措施、碳标签等数据信息；同时，依托矿山装备服务平台和产品溯源系统支持碳足迹信息检索、下载、统计分析、减排历史信息获取。互联网时代矿山装备服务平台可以通过数字化管理，对各类装备碳交易实施精准监测、有效管理，覆盖其监测、管理、交易、核查等诸多功能。科学的碳交易监测需要数字技术，精准的碳交易评估需要数字技术，碳交易数字平台可以为开展矿山装备碳交易提供基础保障，有助于形成减排增汇的社会共识，引领和对接双碳目标规划。

2. 构建二手装备交易体系

2021 年 7 月 1 日，国家发展改革委印发《"十四五"循环经济发展规划》，《规划》中提出，鼓励"互联网+二手"模式发展，强化互联网交易平台管理责任，加强交易行为监管，为二手商品交易提供标准化、规范化服务，鼓励平台企业引入第三方二手商品专业经营商户，提高二手商品交易效率。矿山装备服务平台应充分利用国家循环经济的相关政策，以建立废旧矿山装备循环利用产业链为目标，以废旧矿山装备回收、智能再制造以及智能化升级为重点，并研究二手矿山装备交易的碳减排机理，构建二手矿山装备交易减碳标准体系。同时，针对市场上大量煤矿设备闲置的情况，以共享、共建、共赢为根本，构建了协同共享的闲置设备大数据平台，客户可以在平台发布自己的闲置设备信息，也可以发布自己的租赁及采购设备需求，通过平台匹配供求信息，高效盘活企业闲置资产，降低设备使用成本，促进循环经济发展。针对煤矿废旧设备利用率低、设备更新换代快的问题，以循环、节约、再利用为目标，提供智能再制造服务，用先进技术和产业化生产方式对废旧设备进行修复与改造，延长设备使用寿命，提高设备智能化、信息化水平，节能节材，实现资源的循环利用。

3. 围绕公司主业建立碳循环经济

2021 年 10 月 24 日，中共中央、国务院印发《关于完整准确全面贯彻新发展理念做好碳达峰碳中和工作的意见》，对碳达峰碳中和工作作出系统谋划和总体部署，是汇聚全党全国力量完成碳达峰碳中和艰巨任务的纲领性文件。2021 年 10 月 24 日，国务院发布《2030 年前碳达峰行动方案》（以下简称《方案》），进一步明确了推进碳达峰工作的总体要求、主要目标、重点任务和保障措施。两份文件提出"循环经济助力降碳行动"，明确指出要"抓住资源利用这个源头，大力发展循环经济，全面提高资源利用效率，充分发挥减少资源消耗和降碳的协同作用"，为新时期持续做好循环经济工作赋予了新使命、指明了新方向、提出了新要求。2022 年 6 月 29 日，国资委印发的《中央企业节约能源与生态环境保护监督管理办法》（以下简称《办法》）。《办法》要求，中央企业应积极践行绿色低碳循环发展理念，将节约能源、生态环境保护、碳达峰碳中和战略导向和目标要求纳入企业发展战略和规划，围绕主业有序发展壮大节能环保等绿色低碳产业。

为此，在互联网时代，矿山装备服务应积极践行绿色低碳循环发展理念、开展矿山装备绿色低碳技术攻关和应用，以盘活闲置装备为主要方式推进装备绿色供应链转型，高效开发利用现有装备，完成矿山装备再制造改造，积极探索二手矿山装备交易纳入碳普惠的可行性，将企业显著减少碳排放量能够纳入国家碳交易市场，为企业带来真正的减碳收益，形成助力"双碳"目标实现。

4. 装备服务与碳交易数据互联互通

近年来，《碳排放权交易管理办法（试行）》《2030 年前碳达峰行动方案》《关于完整准确全面贯彻新发展理念做好碳达峰碳中和工作的意见》等多个政策发布，表明了国家越来越重视碳排放问题。当前中国大力发展绿色经济，将节能减排、推行低碳经济作为国家发展的重要任务，旨在培育以低能耗、低污染为基础、低碳排放为特征的新兴经济增长点。依托"罗克 e 租"矿山装备服务平台，通过数字技术赋能二手矿山装备交易，形成了互联网+二手矿山装备托管与交易的应用场景，能够迅速匹配供需，盘活闲置资源，依托矿山装备服务平台进行碳产业链交易，平台提供碳资产综合管理服务，包括市场能力建设、碳盘查、配额碳资产管理、减排碳资产管理以及碳金融等。平台针对行业、企业内部培训赋能，帮助企业建设碳排放体系、管理碳配额，提供碳资产管理专业化服务，保证碳产业链交易顺利进行。

5. 构建装备产业链碳交易生态圈

科技赋能提升矿山行业现代化、平台化发展，实现矿山行业闲置装备充分利用。强化信息技术、物联网技术、大数据技术等多技术融合，延伸矿山装备服务平台产业链、物流链、价值链，通过矿山装备服务平台共享矿山装备技术创新成果，提升矿业装备闲置再利用、落后再制造、融资租赁水平，助力矿山行业科技创新发展和生态环境保护。发挥科技支撑作用，聚焦数字矿山等重点领域，加快矿山数字化、智能化建设。大力发展"互联网+矿山装备"，依托服务平台提高装备使用率、降低矿山企业前期建设成本，推动矿山行业生产方式变革，吸引企业入驻，利用数据分析来优化数字营销效果，建立品牌形象，构建行业内矿山装备运维服务生态圈，使之成为突破行业发展瓶颈的重要驱动力。矿山装备服务应筹建循环利用产业链理事会，充分利用行业优势，制定废旧矿山装备循环利用的新方向、新理念、新技术，研究废旧矿山装备在此过程中的碳减排方法学，制定二手矿山装备交易减碳标准体系，助力煤炭行业的"双碳"目标的实现。

参 考 文 献

［1］林章悦．我国融资租赁支持实体经济发展：机制与风险评估［D］．天津：天津财经大学，2017.

［2］陈乾．国企改革背景下企业租赁融资行为研究［D］．北京：对外经济贸易大学，2021.

［3］刘辉群．融资租赁创业经营与管理［M］．厦门：厦门大学出版社，2018.

［4］路一铭．融资租赁合同法律制度研究［D］．石家庄：河北经贸大学，2022.

［5］丁纯．中国融资租赁税收政策研究［D］．北京：首都经济贸易大学，2013.

［6］Solifi．《2023 Global Leasing Report：Innovation and Resilience Drive Growth in the Global Leasing Markets》［R］．2023.

［7］宋世良．C 融资租赁公司发展战略研究［D］．长春：吉林大学，2022.

［8］肖智辉．融资租赁直租项目案例分析［D］．广州：广州大学，2022.

［9］卢伟．基于共享经济的工业机器人融资租赁模式研究［D］．合肥：中国科学技术大学，2018.

［10］租赁联合研究院．2023 上半年中国融资租赁业发展报告［R］．2023.

［11］恒州博智．2022—2028 中国煤矿设备租赁市场现状研究分析与发展前景预测报告［R］．2022.

［12］管平安．Y 公司煤矿二手设备融资租赁风险控制研究［D］．郑州：河南财经政法大学，2019.

［13］程欣炜．工程机械融资租赁的优势与风险［J］．机械制造与自动化，2012，41（4）：85-87.

［14］崔晨．黄金矿山设备融资租赁业务模式及风险防范探析［J］．黄金，2019，40（7）：1-4.

［15］庞心睿，崔莹．我国绿色租赁发展模式与展望［J］．金融纵横，2023（4）：44-48.

［16］倪潇．A 融资租赁公司发展战略研究［D］．徐州：中国矿业大学，2023.

［17］云健翔．陕西 HB 融资租赁公司竞争战略研究［D］．西安：西北大学，2021.

［18］肖力．W 融资租赁公司竞争战略研究［D］．上海：上海财经大学，2019.

［19］孙志博．ZK 公司商用车融资租赁业务风险管理研究［D］．石家庄：河北地质大学，2022.

［20］王福宇．Z 融资租赁公司竞争战略研究［D］．大连：大连理工大学，2022.

［21］自然资源部．全球矿业发展报告 2023［R］．2023.

［22］田莹．煤矿设备融资租赁企业的租赁决策优化研究［D］．阜新：辽宁工程技术大学，2016.

［23］刘捷．新形势下煤炭行业内部设备租赁业务探讨［J］．煤炭经济研究，2012（1）：75-77.

［24］刘燕芳．煤炭企业开展设备集中融资租赁的探讨［J］．中国设备工程，2014（12）：

38-40.

[25] 申立敬．实体企业参控股融资租赁公司的动因和效应研究［D］．北京：对外经济贸易大学，2021.

[26] 梁伟锋．煤矿大型设备租赁的发展趋势研究［J］．煤炭工程，2019，51（10）：177-180.

[27] 程错．煤炭企业以融资租赁方式创新融资渠道的可行性研究［J］．理论与实践，2012（11）：44，51.

[28] 杨帆．煤矿井下智能化高效综采技术的应用研究［J］．机械管理开发，2023，38（12）：195-196，199.

[29] 张岩军，高晓慧．基于PLC的液压支架远程监测系统关键技术研究［J］．煤矿机械，2024，45（1）：189-191.

[30] 沈阳．悬臂式掘进机位姿偏差自主感知方法研究［D］．北京：中国矿业大学（北京），2022.

[31] 冉旭瑞．煤矿机电设备中自动化技术的应用策略探析［J］．中国设备工程，2023（24）：198-200.

[32] 牛英豪．HY融资租赁公司设备租赁业务的信用风险控制研究［D］．开封：河南大学，2021.

[33] 李进朝．煤矿井下运输系统及集控系统研究与设计［D］．西安：西安科技大学，2018.

[34] 葛恒清．基于PSO算法的煤矿通风系统优化与调控［D］．徐州：中国矿业大学，2020.

[35] 张远放．煤矿井下排水智能控制系统的研究［D］．徐州：中国矿业大学，2019.

[36] 中国煤炭工业协会．2023中国煤炭工业发展报告［R］．2023.

[37] 申艳玲．国际贸易理论与实务［M］．北京：清华大学出版社．2008.

[38] 张霞．融资租赁对企业创新的影响研究［D］．兰州：兰州大学，2022.

[39] 向韬．我国融资租赁资产证券化产品定价影响因素研究［D］．上海：上海财经大学，2020.

[40] 迟濡琪．考虑设备租赁的资源受限项目调度问题研究［D］．徐州：中国矿业大学，2023.

[41] 果涛．C融资租赁公司售后回租业务管理研究［D］．桂林：广西师范大学，2021.

[42] 杨文涛．论我国装备制造企业应用厂商租赁的影响因素与经济后果［D］．北京：对外经济贸易大学，2022.

[43] 李立维．新租赁准则下转租赁业务的相关分析［J］．产业创新研究，2023（19）：141-144.

[44] 李鹏燕．XY煤炭公司设备融资租赁模式研究［D］．天津：天津商业大学，2019.

[45] 郑伟才．城市社区服务专业化研究［D］．南昌：江西财经大学，2019.

[46] 李紫璇．农村养老综合体服务人才队伍专业化建设研究［D］．上海：上海工程技术大学，2021.

［47］ 孙丹．武汉市科技社团专业化服务能力研究［D］．武汉：华中科技大学，2015.

［48］ 王小川．山东省政府购买交通事故处置专业化服务的问题研究［D］．济南：山东大学，2019.

［49］ 杨慧杰．M 矿山机械有限公司的服务创新研究［D］．北京：首都经济贸易大学，2021.

［50］ 刘永康．煤矿井下辅助运输车辆专业化服务与管理探讨［J］．内蒙古煤炭经济，2021（8）：189-190.

［51］ 汪国平．创新金融租赁公司专业化转型模式［J］．中国金融，2023（6）：95-96.

［52］ 范京道．智能化无人综采技术［M］．北京：煤炭工业出版社，2017.

［53］ 王涛，林福清，郑宝钦．大型露天矿山设备管理的探索与实践［J］．设备管理与维修，2023（5）：13-15.

［54］ 刘芮葭．综采工作面设备配套协同优化理论及应用研究［D］．阜新：辽宁工程技术大学，2018.

［55］ 袁飞．SD 煤炭集团设备"准租赁"研究［D］．西安：西安建筑科技大学，2017.

［56］ 杨雨婷．工程机械租赁模式研究：共享经济视角［D］．成都：电子科技大学，2022.

［57］ 刘道林．WJ 公司工程机械融资租赁模式研究［D］．合肥：合肥工业大学，2022.

［58］ 王海军．神东矿区大型煤炭生产基地设备有偿托管和租赁服务应用研究［M］．西安：陕西人民出版社，2018.

［59］ 张辰．YK 医疗集团平台化战略研究［D］．北京：北方工业大学，2023.

［60］ 高峰，朱涛，张树武，等．煤矿整体托管企业管理机制建设研究［J］．煤炭经济研究，2022，42（8）：74-78.

［61］ 刘世峰．资产托管经营的制度经济学分析［D］．长春：吉林大学，2007.

［62］ 代双成，刁宗宪，李海宏，等．我国煤矿托管运营行业发展历程及趋势［J］．中国矿业，2021，30（8）：23-27.

［63］ 郭公安．XK 集团煤矿托管项目风险管理研究［D］．徐州：中国矿业大学，2022.

［64］ 杨磊．基于物联网的矿山装备数字化运维研究与应用［J］．矿山机械，2022，50（8）：70-74.

［65］ 金智新，闫志蕊，王宏伟，等．新一代信息技术赋能煤矿装备数智化转型升级［J］．工矿自动化，2023，49（6）：19-31.

［66］ 王光肇．基于煤矿设备的大数据处理系统关键技术的研究［J］．电子测试，2021，（12）：74-75.

［67］ 汪杰，李晓华，郑功勋，等．基于云平台的煤矿智能运维服务系统研究［J］．煤矿机械，2023，44（8）：191-194.

［68］ 张进国．基于故障诊断的煤矿设备运维管理分析［J］．模具制造，2023，23（5）：77-79.

［69］ 龚青山．面向再制造的机械装备多目标优化设计研究［D］．武汉：武汉科技大学，2019.

[70] 王志国．浅谈煤矿井下运输设备再制造技术的应用与实施［J］．现代制造技术与装备，2018，（6）：161+163.

[71] 卜美兰，杨荣雪，潘兴东．煤矿综采成套设备的再制造技术与实践［J］．矿山机械，2014，42（12）：7-9.

[72] 刘希望．煤机装备再制造标准体系的设计及实施策略［J］．山东工业技术，2019（3）：80.

[73] 范建，曾琳，颜瑞．煤机装备再制造性评估实证研究［J］．煤炭工程，2014，46（12）：123-125.

[74] 王晓蕾，姬治岗，郭向前，等．煤矿机械装备维修再制造无损检测技术现状及发展趋势［J］．科学技术与工程，2021，21（2）：423-433.

[75] 姚旺．J融资租赁公司政府平台项目信用风险管理研究［D］．上海：华东师范大学，2023.

[76] 王凌风．ZH公司高端装备制造融资租赁业务风险管理研究［D］．西安：西安理工大学，2021.

[77] 刘媛媛．Z融资租赁有限公司全面预算管理评价及优化研究［D］．南京：南京林业大学，2023.

[78] 刘珊．A金融租赁公司核心人才流失及对策研究［D］．南京：东南大学，2022.

[79] 钟册函．JC金融租赁公司项目风险识别和管控研究［D］．长春：吉林大学，2023.

[80] 孔骏杰．永行汽车租赁公司对公业务的客户关系管理优化研究［D］．长春：吉林大学，2023.

[81] 贾晓燕．煤矿特色设备租赁管理模式探索与实践［J］．企业改革与管理，2014，（11）：16.

[82] 李鹏飞．融资租赁在现代煤炭企业中的应用［J］．活力，2023，（6）：159-161.

[83] 段永涛．南航租赁飞机租赁业务风险评估体系研究［D］．兰州：兰州大学，2020.

[84] 尹雷娜．C汽车融资租赁公司风险管理案例研究［D］．北京：中国财政科学研究院，2021.

[85] 任学伟．关于煤矿机电设备管理与维护分析［J］．内蒙古煤炭经济，2023（23）：166-168.

[86] 关艳艳．K公司商用车融资租赁业务发展问题研究［D］．郑州：郑州大学，2021.

[87] 闫国栋，王汉斌，曾平．煤矿设备融资租赁风险综合评价模型［J］．经济师，2015，（8）：71-72+75.

[88] 宋清越．融资租赁出租人取回权研究［D］．南昌：南昌大学，2023.

[89] 刘媛媛．L公司发展战略研究［D］．济南：山东大学，2023.

[90] 杨键铭．融资租赁出租方的权利保障机制研究［D］．广州：华南理工大学，2017.

[91] 田伟春．A融资租赁公司汽车业务发展策略研究［D］．上海：华东师范大学，2022.

[92] 雷红伟．浅谈设备租赁管理的发展策略［J］．全国流通经济，2021（22）：62-64.

［93］高文．机床再制造装配过程动态质量控制研究［D］．绵阳：西南科技大学，2023.

［94］张干．TG 融资租赁公司政府平台类业务风险管理研究［D］．济南：山东财经大学，2023.

［95］张晓，王明昊．企业人力资源管理中的风险识别与防范［J］．商场现代化，2024（1）：81-83.

［96］张朝鸿．国有融资租赁公司风险管理与防范［J］．中国市场，2020，（26）：96-97.

［97］陈天健．GD 产业集团电网项目融资租赁方案设计与实施［D］．东南大学，2021.

［98］游子远．GH 融资租赁公司租金定价模型研究［D］．北京：北京交通大学，2021.

［99］徐潘阳．项目融资租赁租金计价方法研究［D］．天津：天津商业大学，2017.

［100］张熠成．汽车融资租赁定价模型及应用研究［D］．广州：广东财经大学，2019.